周志宏　张治武◎著

DAXUESHIDAIDESILUJUEDINGYISHENGDECHULU

大学时代的思路决定一生的出路

SixiangJiushiCaifu

比技术更重要的是思想，思想就是财富。

湖北长江出版集团
湖北人民出版社

鄂新登字01号

图书在版编目(CIP)数据

大学时代的思路决定一生的出路/周志宏,张治武著.
武汉:湖北人民出版社,2012.8

ISBN 978－7－216－06690－7

Ⅰ.大…
Ⅱ.①周…②张…
Ⅲ.大学生—成功心理学
Ⅳ.B848.4

中国版本图书馆CIP数据核字(2010)第253057号

大学时代的思路决定一生的出路	**周志宏　张治武 著**
出版发行: 湖北长江出版集团 湖 北 人 民 出 版 社	**地址:**武汉市雄楚大道268号 **邮编:**430070
印刷:武汉首壹印务有限公司	**印张:**14.25
开本:710毫米×1000毫米 1/16	**插页:**1
版次:2012年8月第2版	**印次:**2012年8月第2次印刷
字数:201千字	**定价:**25.00元
书号:ISBN 978－7－216－06690－7	

本社网址:http://www.hbpp.com.cn

前言

大学，也许是你从小向往的目标。经过多年对它孜孜不倦的追求，现在终于梦想成真了。高考结束后，你成功地被某一所大学录取，高中的生活即将变成过眼云烟，而你就要踏上新的人生旅程……

大学时代，将会是许多人一生中最多彩最难忘的阶段。大学四年，不仅意味着可以尽情追寻乐趣，更是步入社会的起点，是成就事业的基础阶段。尽管大学时光很短暂，但却是十分宝贵的。时任Google中国区总裁的李开复在《大学四年应是这样度过——给中国学生的第四封信》中说："大学是人生的关键阶段。这是因为，进入大学是你终于放下高考的重担，第一次开始追逐自己的理想、兴趣；这是你离开家庭生活，第一次独立参与团体和社会生活；这时你不再单纯地学习或背诵书本上的理论知识，第一次有机会接触社会实践，第一次有足够的自由处置生活和学习中遇到的各类问题，支配所有属于自己的时间。"迈入大学，这许多个第一次让你对即将开始的大学生活充满着憧憬。但是，你有没有真的为这么多的第一次做好准备呢？

有的同学大学四年过去之后，说出了这样的话："在大学里纯粹是瞎玩，虚度了几年光阴，真的是很后悔啊，现在出来不得不重新学习，好累啊。"很明显，他们后悔了，但他们不是后悔上了大学，而是后悔在大学里没把握好自己，虚度了年华。

从社会发展的角度以及长远的眼光来看，上大学是一件不让人后悔的事情，然而从眼前一些同学的状态来看，上大学似乎又是一件后悔的事情，那么，我们能不能避免这个短期的后悔呢？可以肯定地说，这绝对是可以的。

前言

《礼记·中庸》中说："凡事预则立，不预则废。"意思是说，没有事先的计划和准备，就不能获得最后的胜利。因此，大学生千万不要等到毕业后再去后悔自己大学四年白白浪费了，抱怨自己为什么没有学到任何有用的知识，抱怨自己为什么上的是那所"烂"学校。或许等到你后悔、抱怨的那天，才是你开始思考自己人生之路的时候，你在犹豫，你在徘徊，你迷茫，你终于开始思考自己，可是，这时候你却可能已经浪费了整个大学的时光。

大学时代的思路，决定一生的出路。与其等到后悔的时候才想到要重新开始，为什么不在刚入大学时就开始把握自己呢？

本书正是为了那些刚步入大学的莘莘学子而作的。书中系统地从大学时代要进行哪些思考，应该如何规划这四年，如何处理好人际关系，人脉对未来人生的影响以及大学时应该如何看待爱情及把握爱情等方面进行了详细的阐述。

因此，如果刚进大学的你对未来感到彷徨和无助，那么不妨仔细阅读这本书。因为它将告诉你，大学时代要如何才能把握自己，成就自己！

Contents

Part 1

世界是属于有思想的人的。马云曾经说过：比技术更重要的是思想。大学时代，学技能，只是能就业；会思考，才能成大业。一个超凡脱俗的创意，可以让你一飞冲天；一套细致缜密的思路，可以让你防微杜渐、一帆风顺；一种特立独行的思想，可以让你在芸芸众生中脱颖而出。思想就是时间，思想就是财富，思想就是成功，多一些思考，可以让你少奋斗十年。

不谋长远者，不足以谋一时。从大学的第一天开始，你就必须从被动转向主动，你必须成为自己未来的主人，你必须积极地管理自己的学业和将来的事业，为未来的就业做准备。理由很简单：因为没有人比你更在乎你自己的工作与生活。许多同学到了大四才开始做人生和职业规划，为就业做准备，这显然已经太晚了。因此，一个主动的学生应该从进入大学时就开始规划自己的未来。

Contents

Part 3

21世纪是"快鱼吃慢鱼"的信息时代，"不进会退，慢进也会退"，只有在大学四年里，以最低的学习成本获得最高的人生利润的人，才能在激烈的竞争中获得更为有利的位置，把握住一个个转瞬即逝的机会。

Part 4

任何成功最初都是一个思路，任何失败最初也是一个思路。思路决定出路，观念决定行动，可怕的落后就是思路受阻。你要想在大学里脱颖而出，就必须有一个清晰的思路。思路决定了你现在需要做什么，现在所做的又决定了你未来的发展。须知：思路完备开阔，出路才显而易见！

Contents

Part 5

做人永远比做事更重要，一个有才华的人，如果没有学会做人，那他的世界就错了，他的行为也就只能是对人类的伤害，对社会的诋毁。李嘉诚说："做事先做人。"对人生而言，能力、技巧都只是方法和手段，而决定人生成败的却是一个人的品质。因此，大学不仅要学知识，还要学会做人，因为人对了，世界就对了。

戴尔·卡耐基说："在影响一个人成功的诸多因素中，人际关系的重要性要远远超过他的专业知识。"

的确，独木难成林，没有朋友，没有好的人脉的人很难成功。然而，人脉不会凭空而来，需要用心去搭建、打造。大学里的同窗之情比其他任何形式的感情更深厚，也更真诚。所以，在大学里就要树立起人脉管理理念，让你认识的每一个人都能成为你的人生助力。

Contents

Part 7

世上无难事，只要会“办事”。在现代社会，处世能力也是竞争力，它有时甚至比知识、技能、学历更重要，你有什么样的处世能力，基本上就决定了你能成就什么样的事业，因此，大学生只有掌握处世的智慧和心法，才能让你轻松战胜挫折和困难，建立好人缘，应对错综复杂的人际关系和大千世界。

Contents

Part 9

大学，注定是滋生爱情的地方。大学里的爱情总像白桦林间飘洒的民谣，悄然地在校园里流传。青色的校园恋情，就像童话故事里的男女主角，一句话，一个眼神，一次邂逅，犹如阳光的穿透。然而，大学也是人生从幼稚走向成熟的过渡阶段，因此大学阶段也并非爱情的最佳收获季节，这是因为很多轻易选择爱情的人其实根本就不明白什么叫爱、自己为什么而爱。与其最后要承受因幼稚而带来的伤痛，不如先做好学业，把爱情留在毕业之后，也许爱的味道更甜美，爱的芬芳更浓郁，更持久。

大学时代，多一些思考：可以让你少奋斗十年

世界是属于有思想的人的。马云曾经说过：比技术更重要的是思想。大学时代，学技能，只是能就业，会思考，才能成大业。一个超凡脱俗的创意，可以让你一飞冲天；一套细致缜密的思路，可以让你防微杜渐、一帆风顺；一种特立独行的思想，可以让你在芸芸众生中脱颖而出。思想就是时间，思想就是财富，思想就是成功，多一些思考，可以让你少奋斗十年。

上大学了，你别再犯迷糊了

在我国大部分封建社会时期，书生学子们十年苦读，为的就是有朝一日能金榜题名，获得报效国家的机会，更能获取荣华富贵，换来光宗耀祖的无上荣耀。

到了当代中国，计划经济时代，上大学成了农村孩子远离贫困的唯一出路，成了城市孩子改变命运的重要选择。人们渴望"一考定终身"。进了大学就等于进了保险箱，捧了金饭碗。在学校，学多学少、学好学坏似乎都没有什么差别，只要拿到了毕业证，就等于一辈子都能高枕无忧。

转眼之间，中国进入了市场经济时代，考上了大学再也不意味着未来之路就是一片坦途，那些躺在床上做着金科美梦的同学们，被抽走了枕头，断了奶。尽管有的同学并不情愿，但是也只好自己爬起来跌跌撞撞地努力去寻找面包和牛奶。然而仍有一些头脑不清，直犯迷糊的同学，并不知道马上去寻找面包牛奶，却还整日得过且过，做着"天上掉馅儿饼的美梦"！殊不知，如此迷糊地对待大学生涯，别说是一辈子高枕无忧了，就连想要顺利读完大学也都会变成黄粱一梦！

2006年8月31日，《中国教育报》上就刊登了这样一篇报道：

开学前夕，武汉理工大学有大批学生提前返校参加补考，其中近一半是大一学生。这在武汉市民和在校大学生中引起了讨论。有人说，不少学生把学校当做"保险箱"，考入大学就尽情玩，这次大补考是给他们敲响警钟。一位今年刚考上大学的学生家长则表示了自己的担心：孩子初入大学，离开父母的管教，会不会受到不良学风的影响？据悉，该校这次参加补考的原大一至大三年级的大学生多达8466人次，而3个年级的全日制普通本科学生总数约为2.7万人。补考率、重修率高居，并不是武汉理工大学的独有现象。据报道，在武汉其他高校也出现类似的学风问题：某学院不足3000人，却有1000余人次参加补考，某些班级甚至80%的学生有不及格科目。探究原因，主要还是学生放松学习。在武汉理工大学的补考生中，近一半人是2005级的大一学生。不少教师认为，大一学生经历了紧张的高中，特别容易放松学习。他们挂科的原因并非是课程难度超出接受能力，而是他们主观上轻视学习和成绩。某大学一女生在BBS上留言："进入了大学还有必要像高三一样神经紧绷、一刻不落吗？我觉得应该放松自己，逃几次课也没有关系。"武汉理工大学管理专业的小刘告诉记者，期末考试并不难，同学们的基础差异也不大，有的科目甚至突击一下就能通过，但有些人沉迷网络、恋爱，连最后的冲刺复习都不愿认真对待，等着他们的只能是补考。

有人可能会把出现这样的问题简单地归罪于大学新生纵情玩乐，其实不然。这些出生于20世纪八九十年代的大学新生们，从小就是家长眼里的好孩子，老师眼里的好学生，学校的骄傲，他们按照家长设计好的路一步步走到今天。习惯了家长无微不至的关心，习惯了成堆的家庭作业，习惯了固定的教室，习惯了两点一线的生活模式。12年的寒窗苦读，就是为了有朝一日能考上大学。山东师范大学心理学系高峰强教授说："这些应试教育培养出来的学生，他们习惯了考试，习惯了面对一个有标准答案的问题，一旦没有标准答案，便不知所措了。他们在进入大学前，总以为象牙塔是神圣的天堂，凭着这个信念寒窗苦读，幸运地通过了高考这座独木桥。"进入大学以后，中学时代读书那个很明确很具体的目标——考上大学，已经实现了。但是走进大学后，却发现这里竟不是梦中那个"完美世界"。生活的主题仍然是学习，但是学习的方式和目的却完全不同。一下子没有了父母的唠叨，没有了专属的教室，下课后没有老师随时随地的敦促。无论你愿不愿意，你都被当做一个心理和生理上已经完全成熟的成年人来对待。这种相对宽松的教学管理环境，使得很多习惯高中时那种学习模式的学生感到无所适从，他们不知道要如何支配空余时间。于是，他们变得迷糊了，变得茫然了，不知道自己的定位在哪里，不知道自己能做什么了！

其实，我们的大学生，一进入校园就应该马上给自己规划一个目标，让自己心怀理想，而不要犯迷糊，整日得过且过，最终一事无成。

巴西球星加林查小时候就被查出天生患有残疾，他的左腿比右腿短了很多，走路都走不稳。但是他从小就十分喜欢踢足球，梦想着有一天能够参加国家队，出征世界杯，为自己的国家赢得荣誉。他的同学都笑话他，说他是痴心妄想，连他的父母都不支持他。但是这颗梦想的种子却在他的心里生根发芽了。慢慢地，加林查过人的足球天分被他的启蒙教练发现，他进入了少年队，然后是青年队，最后进入了国家队。在 1958 年的世界杯上，他和贝利配合默契，带领巴西队获得了冠军。加林查终于实现了儿时的梦想。

松下幸之助曾说过，"我们一生中，必须立下志愿，必须有奋斗的目标。否则浑浑噩噩地过日子，那岂不是白活一生了吗？"当一个人开始犯迷糊，对自己的人生之路感到迷茫，人生没有目标的时候，不仅会失去方向，更会误入歧途。在错误的道路上越走越远。

因此，上大学后，我们应该冷静下来，想一想自己的目标是什么，要实现什么样的理想，应该怎样努力，而不该一直犯迷糊。人只有有了目标，才会有前进的方向和动力。回想一下，我们之所以能顺利考入理想的大学，就是因为我们在中学时定下了清晰而明确的目标，并一步步努力学习的结果。上大学了也一样，如果没有目标，一味地犯迷糊，就只会浪费宝贵的时光，最终一事无成。

那么，该如何为自己定下目标，并为之努力呢？这里给刚入大学的同学们提出几点建议：

1.先要想想我最想做的事情是什么。小时候，我们常常被问到长大以后想做什么。科学家、解放军、医生——我们总是回答得那么响亮。那时候，选择这些职业多是因为从事这些职业的人是我们心目中的偶像。进入大学之后的我们已经是成年人，不能再像儿时那样天真，要认真考虑今后的职业规划。如果你心中有一个特别想从事的职业，而且你坚信无论何时你都不会放弃，那就从现在开始把它作为你的目标，并着手准备。

2. 要具有积极的心态。目标确定好了，接下来就要调整心态。有人说，心态决定成败，这话有一定道理。积极的心态会指引你乐观面对每一次失败、每一个挫折，最终走向成功。

3.坚持下去。要像加林查那样，坚持，坚持，再坚持。只要不放弃，就不算失败，总能到达成功的彼岸。

大学的时光是宝贵的，它是我们步入社会前的最后时刻。等你参加了工作，开始忙碌时，你就不会有这样完整的时间来思考和学习了。因此，要珍惜这段时间，尽早定下自己的目标，并开始为之奋斗。有人说大学是人生的起跑线，那么从上大学开始，我们就应该确定自己前进的方向。这样才能比其他人走得更快、更远。

伏案苦学四年，不如多角度思考一秒

一个刚被某研究生院录取的男生跑去问美国“全球职业规划师”认证项目中国地区首席培训师钟谷兰：“钟老师，我考上研了，不知道自己该干什么了，读博是明智的选择吗？”

“既然已经知道读研的迷茫了，为什么还想要考博，为什么不先弄清楚自己想要什么？”钟谷兰没有直接回答，而是这样反问道。

这位男生非常委屈地说：“我也想去了解。可是就怕等自己看清了，也晚了。还是边走边看吧。”

有一部分学生，进大学后仍坚持苦读。那些找钟谷兰咨询的都是些伏案苦读的大学生。他们虽然伏案苦学，大学毕业后考研，然后再考博……但内心却充满困惑。大学为他们提供了更为自由的发展空间，却使他们显得更加迷茫。一方面，媒体的渲染以及老师、家长过分地强调竞争压力，让他们难以停下来探索和思考问题，不得不在忙碌的学习中寻求一种安全感。另一方面，他们学习得越来越得心应手，却也越学越迷茫。总是想停下来好好想一想，可是又总担心错过了什么，然而又仿佛他们总是在错过，不知道前路在何方。

其实，大学时代不仅要接受知识教育，更是人格培养的黄金时期，除了要认真学习知识外，还应开始学习思考人生的意义。因为你已经是一个具有独立思考能力的成年人了。

刚入大学，你会发现大学里的一切都和中学不同，没有了做不完的习题，见到了来自四面八方的同学，老师不再每天守在你身边督促你，很多事情都需要自己独立完成……一切的一切都让你感到新鲜不已。但是，还有一件事是与中学时代截然不同的，那就是，你已经成年了。

成年意味着什么？或许很多浑浑噩噩、犯迷糊的大学新生都不能回答这个问题。简单地说，成年就意味着独立，意味着责任，意味着你要开始思考、开始规划自己的人生，意味着你要独自承担前进路途中所遭遇的风风雨雨。大学和中学不同的是，中学的任务就只有一个——学习。而大学里，除了要学习知识，还要锻炼能力，培养人格，思考未来，确定职业发展。因此，在大学时期，不但要伏案苦读，更要多角度思考！

从我们迈入大学校门的那一刻起，就应该要开始思考人生的意义，从多角度思考自己未来的方向。人为什么活着，像这样的命题太大太深，从古到今有许多哲人们终其一生也没有得出一个一致的答案。对于这个问题，每个人都有自己的理解，一千个人就会有一千个答案。作为大学生，我们自然也不可能得出最完美的答案，但是探索这一问题的过程却是非常有必要的。

对大学生而言，自己未来的方向是迫切需要解决的问题。大学生从多角度思考的过程，其实就是一个人成长的过程。大学生从进入大学校门的那一刻开始，就要学着正确地认识自我，客观地评价自我。你可以问问自己是什么样的性格特征、有哪些优势和劣势，自己喜欢干什么、适合干什么、能够干什么。只有从多角度思考解决好这一问题，才能恰当定位，扬长避短，选择真正适合自己的路。

如果你的身高不够，却喜欢打篮球，你可以尝试练好控球技术，专门对付那些高个子却不够灵活的球员。

如果你的数学成绩不好，你不必强迫自己成为数学教授，当个作家也没有什么不好。

如果你的摄影技术一般，你还可以转行当导演。

……

但有时候，通过思考、认识自己并不是一件容易的事。一位大四的学生说："我用了大学二年的时间来思考'我是谁'这个问题。当时，我泡图书馆，狂看市场营销方面的书籍，应聘了六个社团统统失败后又重整旗鼓，与我钦佩的老师和同学交流，我终于找到了答案。"通过思考认识自己，的确不是一件简单的事情，我们需要去做一些事情，也需要静静地思考。

认识自我还包括发现自己的热爱，找到自己的兴奋点和兴趣所在。想要爱你做的事，就要做你爱的事。当你在沉静的思考过后，找到自己喜爱的事情之后，你会在走路、上课甚至洗澡时都对它念念不忘，你就会感到学习是一件特别愉快的事情，这时你也就更容易取得成功了。

如何让学历超越一张纸的价值，想过吗

每到毕业的季节，各类大大小小的招聘会上，到处都是毕业生们穿梭忙碌的身影。面对严峻的就业形势，许多毕业生不管专业是否对口都选择海投，以期博得一线希望。大学生本是天之骄子，但是即将就业的他们却面临尴尬的境地。他们中的许多人，哪怕拿着名牌大学的学历，却仍不能在人山人海的面试会上脱颖而出。

另一方面，每年全国劳动力供求缺口仍有 1300 万至 1400 万人。市场对毕业生的有效需求在增长，就业却存在相对滞后的现象。一个无奈的就业供需落差摆在毕业生和企业面前：一边是大呼"招不到人，只能压低标准将就着用"的企业；一边是"工作不好找，只能将就着上岗"的大学生。

为何会出现这样两极分化的现象呢？其实，大学生就业难的深层次原因是大学生自身的能力、价值与企业的期望存在差距。对许多大学生而言，那一张学历证明就只是一张纸而已，却没有承载他们大学四年所学到的知识和能力。

许多用人单位对应届大学生评价偏低，他们认为大学生往往只具备一些浅显的理论知识，他们在创新意识、心理素质和实践能力方面都存在相当的差距。虽然创新意识和实践能力在培训后都能提高，但是要在短时间里提高心理素质不是一件容易的事情。不少毕业生进入单位后，都表现出"命令不得"、"说不起"、"抗压能力弱"等问题。一名大学生刚进入一家公司上班没几天，听了部门主管一句批评，便躲在家里三天不去上班。此外，用人单位对毕业生的诚信度评价也不高。一些大学生在求职简历中对自己的评价过高，正式上班后便"穿帮"。甚至还有的大学生与用人单位签好了合同之后，却不去报到，这给用人单位造成了很多麻烦。

针对这种种的情况，一些企业甚至直接打出了"应届生不要"、"没有工作经验的不要"这样的招聘信息。这让那些埋首苦读几年的大学生灰心不已，再看看曾经高中就辍学的同班同学们早已混到有车有房，已然成了一方巨富，心里开始产生极度不平衡，大声唱起了"学习无用论"。

其实，虽然学历不等同于能力，但是学历也可以成为敲门砖。

在美国读完MBA后回国就业的coco非常感慨地说：没有高学历，在世界级外企工作，升职到某个职位就会遇到玻璃天花板。正是这个原因，让她决定远走美国，重新奋斗。好在2000年就学成归来，coco算是国内比较早的"海龟"，凭借着这个耀眼的学历光环，她顺利进入世界顶级的能源集团，职位也因此大大进阶。

不过，现实告诉我们，社会上拥有高学历的大有人在，因此，如何才能让学历成为一块有实力的敲门砖，就成为了我们大学生要思考的问题。在大学里，除了要学好知识，更要提高能力。

许多人或许都不明白，没有读过多少书的小布什凭借什么打败了学识渊博的戈尔，当选为美国总统。小布什自己也承认，小时候他十分调皮，学习成绩并不理想，进入耶鲁大学后，学习上也一直没有什么突出的表现，但是他在社交方面却有着过人之处。大学四年中，他凭借着出色的沟通能力，结识了一千多名同学，占耶鲁大学在校学生的四分之一。最厉害的是，小布什竟然能记住这一千多个同学的名字，他早年的同事马可安其说："即使你和他只见过一面，他也能记住你的名字。"这一千多人为他日后的从政生涯提供了不少的帮助。

1994年，小布什竞选德克萨斯州州长成功，副州长是民主党的元老，任副州长二十多年，脾气很不好，是出了名的难合作的对象，就连民主党的州长也觉得他很难缠。可共和党的小布什却凭借过人的交际能力，与政见不同的副州长合作愉快，以至于这位副州长早就说小布什早晚会成为美国总统，令民主党人哭笑不得。2000年，小布什凭借他出色的交际能力以及广泛的人脉，成功当选为美国总统，这一年他53岁。

小布什的成功让我们认识到，除了要学习渊博的知识外，社会能力的培养也是非常重要的。社会能力能让那张证明学习成绩的学历证书超越一张纸的价值！

因此，我们在大学里，除了要学好知识，更要有意识地培养自己的社会能力，只有这样才能在将来的工作中不落后。乔治·华盛顿曾说过："没有社会能力的人，就像陆地上的船，永远到不了人生的大海。"大学生被看成为"天之骄子"，但如果只知道读书，不知道锻炼自己的社会能力，那只会让学历变成一张纸，对社会没有任何用处。成功只青睐有准备的人，我们在大学里，应该锻炼好我们的各项能力，多思考一下如何让学历超越一张纸的价值吧！

读大学，究竟要读什么

大学读什么？有人什么都读，有人什么都不读。只不过，看似相同的四年时光，却让他们最后的结果大相径庭。

马加爵，云南大学99级学生，从小学到初中、高中成绩优秀。老师的评价：不但成绩好，其他方面也可以。家长评价：在家不爱说话，比较听话、懂事、内向。到大学里同学们的印象：不太爱言语、内向、不善交往、学习用功。可是就是这样一个不太被人注意的人，在2003年春节放假来临时做了一件惊天动地的大事，用铁锤把共同生活了三年的四位室友全部砸死。原因仅仅因为他们在一块儿打牌时，室友说他作弊了，由此他觉得室友鄙视他，进而心生怨恨而动杀机。

仅仅因为别人对自己的几句话，就要把别人置于死地，这简单的理由背后蕴含着深刻的反思：个人的、家庭的、社会的，还是学校的教育失误？事实上，马加爵在大学期间，已经表现出人际交往能力差，人际关系不良的迹象，曾经因为和寝室的同学关系不好，而调换过寝室。但是他本人没有意识到自己人际交往方面存在问题，同学也没有及时的给予帮助，学校更没有给予有效的指导，这才酿成惨剧。

很显然，马加爵并不知道，读大学，究竟要读什么。他也许读了很多书，学了很多知识，但他并没有读懂怎么做人做事，怎么自我完善和人际交往。

在如今这个开放的信息时代，社会不停地选择着我们，我们也在不断地选择社会。面对瞬息万变的社会，我们必须具有良好的专业技术才能真正适应时代的发展，并且不断地更新自己的专业知识去满足时代的需求。但是因为社会的开放，我们拥有更为广阔的舞台，使我们能够充分地施展自己的才华，张扬自己的个性，挖掘个人潜力，实现个人价值。因此在未来社会中，我们大学生在校园里不但要学好一些专业知识，还要具备一些专业以外的知识，以供我们发展的需要。

爱因斯坦说过，学校的目标始终应当是，青年人在离开学校时，是作为一个和谐的人，而不是作为一个专家。清华大学老校长梅贻琦说："大学者，非谓有大楼之谓也，有大师之谓也。"原香港中文大学校长金耀基说："学生在大学里，实际上是学四种东西，一是学怎样读书；二是学怎样做事；三是学怎样与人相处；最后是学怎样做人。"这四样东西，便是读大学要读的内容。

1. **读好书，学会学习**。大学读书与中学有所不同，大学的学习更重视自主性和开放性，许多时候都需要我们去独立地完成。无论你将来从事什么样的工作，知识永远是不能缺少的。大学最主要的任务还是学习，因此，在大学期间多读书，尽最大努力学习各方面的知识是很有必要的。大学生在学习过程中可以通过各种不同的途径和渠道吸收知识，也可以靠广泛的兴趣去探求课程之外的知识。除了正常安排的上课时间，学生还有较多时间自由支配，可以在学校为其提供的各种条件下进行广泛的学习，如学术报告、知识讲座、专题讨论、社会调查等。众多形式为大学生从不同层次、不同角度学习知识创造了条件。另外，大学生也可以在学习活动中发展自己的兴趣，不断丰富调整自己的学习内容，形成合理的知识结构。如果想取得事业成功，就必须同时具备较高水平的人文素质和科学文化素质。国务院前总理朱镕基是20世纪50年代清华大学毕业生。他虽然是学工科专业的，却具有深厚的经济、哲学、历史、文学功底，知识结构非常合理。这对于他后来的工作很有帮助。他在出国访问时，谈吐不凡，妙语连珠，常让外国人士误以为他是文科出身。

2. **读好做事的学问，学会怎样灵活做事**。大学生要克服懒惰情绪，大胆创造，接受来自各方面的思想，不断地为年轻的大脑注入新鲜灵感。中学时期，我们的学习在很大程度上都处于被动的"笼养"状态，老师像鸟妈妈喂养雏鸟一般，把知识一点点地掰碎，然后小心翼翼地喂给我们，塞到我们的肚子里。学生成为了只会吞咽知识的机器，只知道做个死板、教条的留声机，不会观察问题，不会思考问题，更不会把所学的知识运用到生活和实践中去。现在我们要改变这一切，学会灵活做事，首先就要学会对自己的缺点进行反思，然后再去思考怎样学习，思考怎样做事才有利于生存和发展。

3.读好人际关系学，学会与人交往。世界卫生组织关于心理健康标准的评定，其中有一条就是要有良好的社会适应性，人际关系好。这说明人际交往能力已经成为大学生读大学时必须学会的内容。在中学阶段，或许你虽并不擅长交往，但只要学习好，就总能考上大学。但是到了大学，尤其是将来进入社会，如果不善于与人交往，缺乏了解他人内心的能力，社会适应性不佳，就会严重地制约你的事业发展。更有甚者，它还可能成为良好生活状态的杀手，最终导致你产生心理方面的疾患，给你适应正常的社会生活埋下隐患。

4.读好做人的道理，学会如何做人。大学生在大学阶段最重要的学习内容，也是最容易忽略和最难把握的内容是——以诚为本，真诚地对待朋友，务实地对待学习，诚恳地对待师长。因此来到大学之后，我们首先应该意识到，只有自己先从做人方面改进自己，才能够更好地适应群体生活，适应社会。

大学生活对我们来说是新一轮的自我挑战。从某种意义上来说，读大学才是你真正学习的开始，大学录取通知书只是你获得进入学习殿堂的入场券。在接下来的四年学习生涯里，你只有读好了以上四个方面的知识，才能成为一个合格的大学生，才可被称之为"读大学"了。

大学阶段不规划人生，毕业之后就要被人生规划

《礼记·中庸》上说："凡事预则立，不预则废。"预即指：预见性、计划性。大学是人生的黄金时期，是人生的转折点，是决定人生未来方向的关键时期。新生从迈进大学校门的那一刻起，就必须成为自己未来的主人，必须积极地管理自己的学业和将来的事业。因为大学阶段不规划人生，毕业之后就要被人生规划。

华南某师范大学一位本科毕业生成功地被深圳某电力局录用后，曾在博客中写道："我在大学的四年生活中为自己的发展做了三件事：首先是重新审视自我，评价自我，用一个社会人的眼光为自己定位；其次是思考自己的未来

有哪些选择，我可以为自己做哪些改变；第三是为自己设定可以达到的最好目标并制订计划，最后把它付诸实践。”

这位大学生说的不错，大学是一生中最关键的时期，我们应该在这里度过人生中最有价值的四年。重新审视自我，评价自我，充分了解自身优势和不足，了解自己的能力。根据过去的经验选择自己未来的方向，从而彻底解决“我能干什么”的问题。可是，为什么现实生活中，却有许多人认为大学四年不堪回首？为什么会有那么多大学生感到失望和茫然？这都是因为很多同学，没有在大学里找到自己的角色定位，不知道自己的职责所在和今后努力的方向。他们选择这样度过大学四年：大一浑浑噩噩，认为经过高考该歇歇了；大二看到别人恋爱很潇洒风光，自己也想触回电；大三受考研热潮的影响，临时抱佛脚想“撞大运”试试；大四急于找工作，参加了几场面试，结果不是自己不满意对方，就是对方不满意自己，看到有的同学已经跟不错的公司签订了劳动合同，便急得如热锅上的蚂蚁一般。这些学生由于没有明确的目标规划，总是临时准备、临时应对，没有计划性、没有阶段性，最后便只能是毕业时的手足无措了。

一般地说，大学四年，每一个阶段的目标和任务都有所不同。清楚自己在每个阶段的职责所在，有利于更好地对四年大学生活进行规划。

大一为适应期与试探期。这一阶段的大学生要尽快适应新的环境和生活，初步了解职业，特别是自己未来想要从事的职业或是与自己专业对口的职业，提高自己人际沟通的能力。大一学习任务并不重，可以多参加学校的活动，增加交流技巧，学习好计算机知识，还可以通过计算机和网络辅助自己学习。为可能的转专业、双学位、留学做好资料收集及课程准备，多利用学生手册，多向老师、学长学姐请教学校相关规定和情况。这时还要对未来是否深造或就业进行深入思考，倘若准备就业，那么未来的职业方向是什么，要有明确的规划。

大二为定向期，这时应该已经有了明确的规划，那么你就可以按照已经规划好的目标前进，为未来的发展做准备。你可以通过参加学生社团等组织锻炼自己的能力，也可以尝试兼职、社会实践活动，最好能够利用课余时间从事与自己未来职业或本专业有关的工作。增加英语口语能力、计算机能力，通过英语和计算机的相关证书考试，并开始有选择地辅修其他专业的知识充实自己。

大三为冲刺期，因为临近毕业，所以目标应该锁定在提高求职技能、搜集公司信息上，锻炼自己独立解决问题的能力；参加和专业有关的暑期工作，与同学交流求职工作的心得体会，了解搜集工作信息的渠道，并尝试加入校友网络，和已毕业的学长学姐们交流了解求职情况。如果已经决定毕业后要继续深造，那么就应该开始准备寻找报考学校及想要师从的教授。

大四是分化期，找工作的找工作、考研的考研、出国的出国，需立即行动，不能犹豫不决。这时可以先对前三年做一个总结，对自己有一个清楚的认识。根据自己的目标定位，如果选择就业，就要积极参加招聘活动，积极了解学校提供的用人公司资料信息，强化求职技巧，进行模拟面试等训练；如果选择继续深造，就要积极收集相关的考试信息，认真学习，为进一步的学习做好准备。大学生涯的每一个规划都是一个目标，等待着我们通过自己的努力完成。当我们一步一步脚踏实地地完成每一个规划之后，我们的人生也会在自己的规划下变得无比精彩。

思想要独立，不能做别人的“提线木偶”

科学家培根曾经说：“如果你从肯定开始，必将以问题告终；如果你从问题开始，则将以肯定结束。”如今，科技日新月异，每一个“理论”都存在被颠覆的可能，每一个权威都可能被质疑。如果你还是那个戴着厚厚眼镜片，在课堂上记录所有的板书，然后死记硬背，从不思考的“好学生”，那你就只能永远做别人的“提线木偶”了。记住，今天的大学生，应该是思想独立，自信而不自负，张扬而不张狂的。

我们每一个大学生都是一个独立的个体，我们要有自己的主见，独立的思想，不能人云亦云，凡事都要有理性的思考，而不是盲目行动，要懂得纳百家之长,融会贯通,思考创新。

一个年轻人来到位于俄玛哈的阿莫尔公司应聘做销售员。公司总裁海瑞斯端坐在宽大的老板台后面,看了他一眼说:“年轻人,不管你的工作能力如何,加入我们公司就等于零。这样吧,从现在开始你去接受一个月的职前培训。”“很抱歉,先生,如果这样的话,我宁愿去别的地方寻找机会了。”年轻人一边说,一边就起身要走。“请等一等,年轻人。”海瑞斯很好奇,“通常来我这里应聘的人,都会按照我的想法来做事,只有你与众不同,敢于坦陈己见。我很想知道,你刚才想马上离开这里的原因。”“很简单,先生,如果我在这里接受一个月的职前培训,那么就意味着这一段时间,我将会丧失与顾客在酒吧或其他场合聊天的机会,在我的心目中,只有顾客,没有职前培训。”海瑞斯听完后想了想,在一张信纸上写下了这样一行字:一个不愿意丧失顾客的人,一个很有自己主见的人,到南达科他州西部,那里的业务由他接管。

这个年轻人,就是后来闻名于世界的著名交际大师、演说家卡耐基,他的演说影响了世界各国几代人,令许多人的人生观都为之改变。而他年轻时候的这段求职经历,同样能让我们大学生获得有益的启迪。作为今天的大学生,我们应该拥有独立的个性和主见,不能人云亦云,成为别人的“提线木偶”,这样才不会被淹没在人群里而无法彰显个性。思想独立的大学生会理智地综合自己的智慧,用自己的见解去分析问题,而不会随波逐流。拥有自己独立的见解是每一位大学毕业生不可或缺的素质,只有拥有了这种素质,才能在人生的十字路口和关键时刻不迷失方向。

数学家康托尔用他悲剧性的一生,让人们看到了独立思想的慑人光辉。

“无穷”曾经是令很多数学家退避三舍的研究命题,因为研究“无穷”时,最后往往会推出一些合乎逻辑却又荒谬的结果,这种结果被称为悖论。当时年仅30岁的康托尔正式向“无穷”发起挑战。经过刻苦钻研，他成功地证明了一条直线上的点能和一个平面上的点一一对应，也能和空间中的点一一对应，1厘米长的线段内的点与太平洋面上的点，以及整个地球内部的点都“一样多”。

然而康托尔的这一观点却与当时流行的传统科学观念发生了尖锐的冲突。很多人反对他、攻击他，甚至谩骂他。有人说康托尔的集合论是一种“疾病”，康托尔的概念是“雾中之雾”，甚至说康托尔是“疯子”。终于，康托尔被那些来自数学界权威们的巨大压力摧垮了，他心力交瘁，患了精神分裂症，被送进了精神病院。

然而，真金不怕火炼，康托尔的思想终于得以大放光彩。在1897年举行的第一次国际数学家会议上，他的成就得到了承认。伟大的哲学家、数学家罗素称赞康托尔的工作“可能是这个时代所能夸耀的最巨大的工作”。如今，他所创立的集合论已被公认为全部数学的基础。但是，康托尔却为了坚持自己的理论，为了和曾经的权威抗衡，直到去世也没有离开过精神病院。

康托尔是不幸的，因为他的坚持令他饱受非议，但他又是伟大的，他的坚持让人类在追求真理的道路上更进了一步。同样拥有独立的思想，坚持真理的小泽征尔则要幸运许多。

小泽征尔去参加世界优秀指挥家大赛决赛，被要求按照评委会的乐谱指挥演奏。出于对音乐的敏锐，他很快意识到乐谱出错了。他马上告知在场的作曲家和评委会，但这些权威们却坚持说乐谱没有问题。面对众口一词的肯定，小泽征尔思考再三，最后仍斩钉截铁地大声说：“不！一定是乐谱出错了！”话音刚落，他立刻听到评委席报以热烈的掌声，并祝贺他大赛夺魁。原来这是评委精心设计的“圈套”，以此来考验指挥家在发现乐谱错误并遭到权威人士“否定”时，能否坚持自己的正确主张。

虽然康托尔和小泽征尔的境遇迥异，但是他们俩都因为拥有独立的思想，并坚持真理而获得世人尊重。今天我们的大学生不会因为独立思考、敢于质疑而被打压，但是同样需要勇气和自信。当代大学生要想拥有独到的思想，有两点是必须的。首先，要有足够多的知识和阅历。只有多读多听，才能渐渐拥有自己的想法，只有不断吸取他人思想的优点，才能与自己的见解相印证，才能让你的想法越来越正确。其次，要敢于坚持你认为对的事情。很多人一开始还有自己的见解，但别人批评得多了，就不敢坚持了。只有坚持自己的想法，才算是拥有独立的思想，否则只是人云亦云，成为别人的"提线木偶"罢了。

一般来说，口随大众的人，容易融入人群，获得社会的认同；心随精英的人，容易审时度势，保持冷静。一个人有了一定程度的经验积累，在待人处事的时候就会从多个角度去看问题，自然会比没有经验的人更容易接近成功。因此，当代大学生在校学习期间就应该时刻培养自己的独立思考能力，这样步入社会后，才能带着自信的心和成熟的思维，得到更多的机会，从容地迎接另一段人生旅程。

现实点，别再活在幻想里

有一位名叫西尔维亚的美国女孩，她的父亲是波士顿一位非常有名的整形外科医生，母亲则在一所著名的大学担任教授。显然，她的家庭可以给予她很大的帮助和支持，她完全有机会实现自己的理想。她从念中学的时候起，就做梦都想当电视节目的主持人。她觉得自己天生就具备这方面的才干，因为每当她和别人相处时，即使是陌生人也都愿意亲近她并和她交谈。她知道怎样才能让人对她诉说真心话。她的朋友们亲切地称她是他们的"亲密的随身精神医生"。她自己常说："只要有人愿给我一次上电视的机会，我相信一定能成功。"

但是，她为了达到这个理想而采取了什么行动呢？其实什么也没有！她一直活在自己成为优秀主持人的幻想里，一直在等待奇迹的出现！

西尔维亚就这样一直活在幻想里，不切实际地期待着，结果什么奇迹也没有出现。

因为谁都不会去请一个毫无经验的人担任电视节目主持人。而且节目的主管也没有兴趣整天跑到大街上去搜寻天才，因为都是那些希望能展示自己的人找上他们的。

还有一个名叫辛迪的女孩，她却实现了西尔维亚的理想，成了一位著名的电视节目主持人。辛迪之所以会成功，就是因为她知道“天下没有免费的午餐”，单纯的幻想是不会变成现实的，一切成功都要靠自己的努力去争取。她不像西尔维亚那样有着可靠的经济来源，所以她没有白白地坐等机会的降临。她白天去做工，晚上就在大学的舞台艺术系上夜校。毕业之后，她开始找工作，为此她跑遍了洛杉矶每一个广播电台和电视台。但是，每个地方的经理对她的答复都差不多：“我们不会聘请一个毫无经验的人。”

但是，她不愿意退缩，也没有等待机会，而是走出去寻找机会。她一连几个月仔细阅读广播电视方面的杂志，最后终于看到一则招聘广告：北达科他州有一家很小的电视台招聘一名预报天气的女孩子。

辛迪是加州人，不喜欢北方。但是，那里的天气如何恶劣都没有关系，她迫切地希望找到一份和电视有关的职业，干什么都行！她抓住了这个工作机会，动身到北达科他州。

辛迪在那里工作了两年，最后成功跳槽到了洛杉矶的一家电视台工作。又过了五年，她终于得到提升，成为她梦想已久的节目主持人。

为什么西尔维亚最后失败了，而辛迪却能如愿以偿呢？

因为西尔维亚在10年的时间里，一直停留在幻想上，坐等机会；而辛迪则清楚地认清现实，立即采取行动，最后，终于实现了理想。

作为一名受到高等教育的大学生，应该知道“天下没有免费的午餐”，一切的成功都需要靠自己的努力去争取。机会需要自己去把握和创造。

华罗庚说过：面对悬崖峭壁，一百年也看不出一条缝来。但用斧凿，能进一寸进一寸，能进一尺进一尺，不断积累，飞跃必来，突破随之。要使美梦成真的唯一途径就是现实点，别再活在幻想里，赶紧起身通过行动去实践它。

每个人的生命中都会充满各种不同的机会，但是机会的大门只会为那些真正如实准备好的人而开。弱者坐等时机；强者制造时机。所有的果实，都曾经是鲜花；然而，却不是所有的鲜花都能成为果实。

对于大学生来说，我们不仅需要有伟大的梦想，更要有将梦想转为现实，抛开无谓的幻想而使之成为事实的具体行动。“一寸光阴一寸金”，时光一去不复返，时间对于每个人而言都是公平的。每天早上，“时间银行”总会为你在账户里自动存入 86400 秒；一到晚上，她也会自动把你当日虚掷掉的光阴全数注销，没有分秒可以结转到明天，你也不能提前预支片刻。如果你一直活在幻想中，没能适当使用这些时间存款，那么损失掉的只有你自己去承担。你没有机会回头重来，也不能预支明天，你必须根据你所拥有的这些时间存款而活在当下。你应该跳出幻想的迷雾，回到现实中，善以投资运用时间，用努力去以换取最大的快乐，收获成功。

学习是一生的需要，终生学习才能终生发展

在当今这个信息革命时代，终生学习既是一种个人需要，又是一种社会需要。通过不间断的学习，才能使自己无论在价值观念、科技文化、生活工作能力等方面都足以应付社会产生的变迁与发展，并且在这些发展中占据着有利的位置。对于社会而言，只有对国民进行终身教育，才能使我们的国民道德素养、科技素养和身体素养保持在一个较高的状态下，才能领先于世界。

毛泽东同志说：“活到老学到老。”终身学习是我们实现个人价值的需要，如果停止学习，就会退步。正如著名科学家、教育家钱伟长先生说的：“学习是终生的职业。在学习的道路上，谁想停下来，谁就要落伍。”

1994年，杨澜从一个学生成为《正大综艺》的节目主持人，把一个有着良好家教和较高文化素养的青春少女的形象和有女性细腻情感的职业妇女的形象统一在一起，为我们展现了一种既高雅又不失本色，既轻松又令人无尽回味的主持风格。

然而，就在杨澜主持完《正大综艺》第200期之后，她跨越太平洋去了美国，攻读哥伦比亚大学国际传媒硕士学位。

当时很多人都为杨澜的这一选择而感到不解，因为在大多数人眼里，杨澜已经取得了成功，已经成为了世界级的著名节目主持人，她完全可以在她的地位上享受她已经到手的荣誉。但是，越是有能力的人越是能体会到学习的重要，正因如此，杨澜离开了众人羡慕的主持人位置，去美国读书，又成了一名学生。

当杨澜再次出现在媒体上时，她的形象发生了很大的变化。她的境界也得到了很大的提升，她在自己的人生道路上又上了一个台阶。

人的潜能是很大的，成功没有止境，成功需要终身学习。塞缪尔·拉莫里伯爵就是一个终身学习并取得成功的例子。

塞缪尔·拉莫里是一个以学习来不断提高自己的耕耘者。他是珠宝匠的儿子，祖上从法国逃难到了英国，从此在英国定居下来。他少年时代并未受过什么教育，但是通过不知疲倦和勤奋克服了这一劣势，并且一生中从未停止过学习。

他在自传中写道："我十五六岁时下决心学习拉丁语。那时候我对拉丁语的了解仅限于一些日常的用语和语法规则。通过三四年的刻苦学习之后，除了有关专业科技课题的著作，譬如瓦罗·康路马拉、赛尔瑟斯的著作，我几乎读完了所有拉丁语鼎盛时期的散文家的作品。其中，利维、萨卢斯特和塔西陀的书我读了有足足三遍。我研读过西塞罗广为流传的演讲词，还有荷马的作品翻译了大半。特伦斯、维吉尔、贺瑞斯、奥维德，还有尤维纳利斯的作品我都读了一遍又一遍。”

塞缪尔·拉莫里另外还自学了地理、自然历史和自然哲学，他是个真正知识渊博的人。他16岁时就进入大法官法庭工作，在那里做秘书。他工作勤快，并不断努力学习，很快又进入了律师行业，勤奋学习和不懈的努力确保了他在事业上的成功。

1806年，塞缪尔·拉莫里伯爵被政府任命为副检察长，在以后的职业生涯中他稳步前进，成为法律界的名人之一。塞缪尔应该是做得很优秀了，然而他还经常觉得自己的知识不够，因此不断地学习，不断地补充知识弥补自己的不足。

可见，成功没有止境，学习也是没有止境的，只有终生学习，才能在学习中不断提高自己，使自己拥有越来越多的优势。所以，我们必须学会善于利用时间，做到终身学习，以此来增加自己的知识，获得终身发展。

要就业从入学就要做准备：不谋长远者，不足以谋一时

不谋长远者，不足以谋一时。从大学的第一天开始，你就必须从被动转向主动，你必须成为自己未来的主人，你必须积极地管理自己的学业和将来的事业，为未来的就业做准备。理由很简单：因为没有人比你更在乎你自己的工作与生活。许多同学到了大四才开始做人生和职业规划，为就业做准备，这显然已经太晚了。因此，一个主动的学生应该从进入大学时就开始规划自己的未来。

大学生做兼职，不要光为了钱

“XX品牌的护肤品、化妆品，惊喜折扣价，要不要看看”，“耳机、耳塞、充电器，全部都是正品的，要不要买来试试看”……一到休息时间，宿舍里就时不时地可以看到一张张探进门缝中的笑脸；周末校园的林荫道上，也时不时会出现一个个小摊：衣服、鞋子、小首饰、旧书、光盘……学校的公告栏上更是贴满了各种招聘海报“某公司急招导购”、“某小学生诚聘家教”、“某公司急招翻译”……

在市场经济大潮的冲击下，大学的莘莘学子一改旧日的“两耳不闻窗外事，一心只读圣贤书”的清高形象，纷纷争抢着要踏进经济的大潮中。在网上进行的“当兼职成为流行”的专题调查显示，有66%的被调查者都在大学期间做过兼职，从兼职人群的数量来看，越是发达的城市，学生兼职的现象越是普遍。

上了大学，大部分人已经是成年人了，读书耗费了家里大笔的钱，平常消费还得伸手向父母要钱，非常难为情。况且如今的大学生活丰富多彩，吃穿用度无不需要金钱，即便家庭条件不错的，父母给的生活费够用，也难免会有捉襟见肘的时候，如果能赚点外快，就能避免这种尴尬了。更重要的是，如今人才市场上，更关注的是个人的能力，在同等文凭的情况下，有工作经验者优先考虑，文凭只能作为入门的敲门砖而已。兼职可以帮助大学生熟悉社会环境，学习到课本以外的知识，提升自己的实践能力，为今后的就业做准备。大学兼职早已从“贫困生的专利”变成了“哪有大学生不做兼职”。于是许多人一入大学就在考虑找兼职的事情了。

但是，面对找什么样的兼职这个问题时，有许多的大学生还是不能做出正确而有力的决定。虽然他们在被问及“如果摆在你面前的有两份兼职，一份工资待遇高，但与自己的兴趣并不吻合；另一份工作待遇低，却是自己喜欢的，该如何选择？”时，大多数人的答案都是：“我会选择自己喜欢的工作。”然而一旦面对现实，当收入水平的高低差距超出了他们的心理承受能力时，大多数人都会心理失衡，许多人真实的想法是："先接受那份待遇高，而自己不感兴趣的工作，等积累了一定的财富后，再去追求自己的兴趣爱好也不迟。"然而，他们却没有意识到：仅仅是为了一点点的收入差距就放弃选择一个正确方向的机会，实在是很愚蠢的。事实上，低薪水本身就是对个人心态的一种考验，许多人为了得到高薪的工作，往往习惯性地模糊自己的追求和兴趣，并且强迫自己和他人相信，这就是最佳的选择。

对一些人来说，"考上名牌大学"或"进入知名公司"是他们的人生目标。那么"考上了"、"进去了"，又要干什么呢？爱因斯坦曾经说过："不要去尝试做一个成功的人，要尽力去做一个有价值的人。"人生短暂而时间有限，所以不要浪费时间活在别人的生活里，也不要被信条所惑。最重要的是，要有跟随内心与直觉的勇气——我认为什么是有价值的？什么样的人生才是我想要的？无论是为了真情，为了影响力，还是为了快乐、道德、宁静、求知、创新……一旦确定了人生目标，你就可以在人生目标的指引下，果断地做出人生中的重大决策。

不可否认，兼职可以让大学生提前体验与校园生活完全不同的社会生活，在增加学生的社会经验的同时，还可以训练学生的实际社交能力和自我保护能力。同时又可以将课堂上学到的知识运用到实践中去，理论结合实际，在实践中锻炼自己的工作能力，增加自己的知识面。在兼职的过程中，我们还可以认识到更多的人，学会与人交往，能提前接触这个真实的世界，更好地规划未来的人生。

但是，兼职种类繁多，也有好坏的选择。一份好的兼职工作不仅仅在于它的货币报酬有多少，更重要的是这一份兼职工作能够给予你精神上的良好作用。兼职工作的环境、内容等都在无形之中对你的未来人生观产生作用。大学生如同一张白纸，兼职工作是你在人生路上写下的第一笔，兼职工作中良好的人际环境、文化氛围等，对于未经社会历练的你来说潜移默化的影响是巨大的。所以大一做兼职时，不要光为了钱，而应该选择对你未来发展有所帮助的工作，以便将所学到的书本知识应用于实践，带着实践中遇到的问题到书本中去找答案，更好地加深对所学知识的理解和应用。即便是找到的兼职与所学专业无关，也应该考虑这份工作是否能让你学到其他专业的技能、为人处世的方法等，这样，虽然与专业无关，但是为了更好地融入社会、积累社会经验，也可以适当进行尝试。

从大一开始就写将来的“就业简历”

重庆某独立学院会计专业的张东，仅用了三天的时间，就得到了四家四、五星级酒店抛出的橄榄枝。张东每每谈及这段令人羡慕的经历时总会感触良深地表示：“提前准备才是求职的王道。”张东这个“提前”可不是一般人感觉上的“前”，他所用的“前”，可是从他四年前刚迈入大一就开始“提”了。

四年前，高中毕业的张东差一点就不能顺利进入大学继续学习了。这件事让张东刻骨铭心。勉强进入一所独立学院的会计专业学习后，张东开始认真思考，毕业后如何才能真正找到一份自己喜欢感兴趣的工作。“自己最感兴趣的是什么工作呢？是服务业的星级酒店。那怎么样才能顺利进入这样优秀的环境工作呢？这谁都知道——是实力！但是实力必须通过简历才能体现出来的，如果没有一份过硬的简历，其他的都白搭”。于是，张东做了一件一般的大一新生想都没想过的事情：写简历。或许有人就要说了：区区一名大一新生，一丝一毫的经历都没有，还写简历？真是让人觉得可笑！然而张东不愿毫无意义地度过四年的大学生涯。思索再三，张东做出了一个对他的未来具有深远意义的决定：“先写出简历框架，接下来结合简历磨练实力，做出成绩后再反过来填满简历。”

张东先是从网上搜罗了一大堆简历模板，跟应届毕业生那样，像模像样地写起简历来了。“星级酒店职业经理人”——这是张东给自己立下的军令状。然而要想做一名星级酒店经理很不容易，既需要有专业理论知识，更要注重实践。张东除了要求自己要以优异的成绩完成学校的课程外，还要求自己做一份满意的社会实践工作的答卷。

就这样，一张“未来简历”跃然纸上，从眼前到四年后的大概走向，张东在一进入大学就已经做到心中有数了。

毕业后的张东，也的确用事实证明了他那份从大一就开始着手写就的简历的巨大魅力。

众所周知，一份内容充实的简历可以让用人单位眼前一亮，成为进入工作单位最直接的敲门砖，而一份平白无奇，没有任何经验的简历只会被用人单位当作草稿纸。简历涉及的标题可以有很多方面，一般有基本信息、教育背景、所获奖项、工作实践、外语和计算机水平、其他能力、自我评价等。面试考官们看重的，是实实在在的东西，要让简历丰满并且能牢牢吸引面试考官们的眼球，必须从大一开始就写就。并着重培养自己希望在简历上出现的亮点。一般来说，在准备简历时，需要注意从以下几个方面的内容进行充实：

1.教育背景

如果你的教育背景只能写上某某大学的计算机专业，那你比起整个专业的同学就没有任何一点优势，而且并不比同一学历、其他学校毕业的学生更吸引面试官的眼球。

所以，在条件允许的情况下，你最好还是多辅修一门专业吧！辅修的专业，除了要根据自己的兴趣选择外，最重要的还是要与未来的就业方向相联系。比如会计专业的你未来想在星级酒店工作，那么酒店管理就是不错的选择；如果文秘专业的你想去外企，那么英语就当仁不让。

当然，你也可以在学校修双专业、双学位。

或者，你可以选择去有一定知名度的培训班参加日语培训、精英培训项目之类的拓展课程，并且最好在经过培训班之后拿到一些证书奖项。不然写了也没太大说服力。

如果有海外留学的经历，竞争力就会更强了。

在校期间成绩好的同学，还可以自豪地在简历上写上自己的平均学分绩点，成绩不好的同学，则除了懊恼外，请不要在简历上留下任何痕迹。

2.所获得的奖项

这一条是简历内容的重点之一，有几点需要特别注意：

所获得的如果是大家都比较熟悉的，“公认”的和影响力较大的奖项，那作用就比较大。可如果是一个XX寝室的“笑点王”等太小的奖项，会让面试官以为你在恶搞。但一个校辩论比赛一等奖则是家喻户晓的，面试官都知道大学有这样的活动评比。当然，奖项级别越高越能吸引面试官的注意。

奖学金方面可以说是所获奖项的重点，几乎所有知名企业的在线填写简历都有是否获得过奖学金，院级校级还是国家级这一项，所以在大学期间一定要至少获得一次奖学金，否则你即使有一身才艺，也还是会挡在一个“否”字后面。

3.工作实践

工作实践的内容一般都分为校园实践和社会实践两大块，当选班委、级委、学生干部等，以及参加三下乡、科学调研、各大竞赛之类的活动都可以算作校园实践。社会实践则比较多样化，可以是兼职、实习、志愿者等。

参加工作实践，重点是要先考虑看看自己是否适合这个职位或工作，如果觉得自己适合、感兴趣并觉得自己能做好，那么就不要犹豫；而更重的重点是，不要只要求自己做过却不要求做出色，而要强调实践后有成果。

对于社会实践，我们的广大学子们，千万别以为大一不是实习、做兼职的时机。事实上这正是你有远大目光的一个体现。增加社会实践，除了能使你的简历内容丰满一些外，还对于你认识社会，日后的为人处世起着莫大的作用；最重要的是，你可以通过一些社会实践了解自己以后真正想要做的工作是什么。

4.外语与计算机水平

一般大学本科都规定毕业时学生英语要过大学四级、计算机要过二级，但是纵观现在的社会现实，一个本科生过六级根本不是什么稀罕的事，所以要努力争取通过更高的级别，以增加竞争力。尤其是想去外企的学生，除了英语要过六级，最好也考过托福、BEC高级等……对于各类资格证，能考的最好还是考到手，这就好比一个人在生存受到威胁的环境里，多一样谋生工具总能多一份底气，多一点成功的机会。当然，报考任何一类资格证，都需要充分学习好功课，否则往考试机构砸钱不算，还浪费了大量的时间和精力。

确定职业方向，选择正确的路比跑得快更重要

有这样一则寓言：

无边无际的太平洋中，一艘航船和一块木板相遇了！

“你要去哪里？”木板问航船。

“我要航行到墨西哥湾，你呢？”

“我，我也不知道我要漂向哪里？”

“什么，在广阔的太平洋中你却在漂泊……”航船有些着急。

“这又会怎么样呢？我已经从印度洋漂向了太平洋，还不是在走！”木板无所谓地说。

“可太平洋是你要去的地方吗？”

“哦，这你倒是提醒了我，其实我一直想去非洲的好望角。”

“没有方向的努力，只能是漂泊，永远也到不了自己要去的地方。”说完，航船向着墨西哥湾方向的航线驶去……

你看到这个寓言之后，作何感想？

要选择像航船一样航行，还是选择像木板一样漂泊，做决定的其实只是要有行驶的目标，前行的方向航线。你可曾思考过：当你离开学校进入社会、驾驶着你的人生之舟在职业的海洋中航行或者漂泊时，你有为之要奋斗的方向吗？有要实现的目标吗？有要出发的航线吗？

大学时期是人一生中的重要阶段，对人的一生的未来走向，对职业生涯的发展影响都是深远的。

都说好的开始等于成功的一半，这话说起来简单，可是对于许多大学生来说，难就难在要怎样才算有个好的开始！我们经常可以在网上看到有学生

哀叹：我毕业了能干什么呀？有的人考研究生就是为了能在学校名正言顺地继续躲上三年……因为他们不知道自己能干什么，又有谁会需要他们！

曾经有一位演讲者面对台下的硕士生、博士生大声宣布：你们都是失败者，我现在就能看到你们的未来！如果你们到现在还不知道你们要干什么，只好继续读书那你们就是失败者；而比尔·盖茨是成功者，因为他大学都还没有念完就知道自己要干什么了！

某市以“面对就业压力，大学生们是否已经为自己的职业目标提前做好规划”为题，对该市多所高校的100多名大学生进行了随机调查。

调查发现，无论是刚刚踏进象牙塔的大学新生，还是即将走上就业之路的大学生，当他们被询问是否想过就业问题时，绝大多数都是一脸惘然。当被问及如何在学校提高自己的能力，如何规划自己的将来时，他们都坦言未曾想过。面对各种压力，52%的学生都选择通过考研的方式来暂且缓解即将到来的就业压力。45%不准备考研的同学，面对压力竟然无所适从，没有任何打算和准备。只有3%的学生表示，他通过参加考各种证书、参加一些大学生社会实践的方式，来应对即将到来的就业。

一名刚步入某大学数学与计量经济学院的学生如是说：“参加高考就是为了上大学，没想过更多的。如果要我规划，我只能说我将来想从事与我专业相关的职业。”

虽然从客观上言，我们今天许多大学生之所以对未来职业设计没有明确的目标，在一定程度上是源于他们对专业的选择上。上大学前选择一个专业，这其实只是给未来的职业生涯奠定了宽阔的基础，却不能被视为一个明确的方向。比如说学习经济管理，设计这个专业之初，是因为国家对这方面的人才的需求十分迫切，然而如今的经济管理专业大学生，连自己毕业了都还不知道自己应该干点什么——因为根本不可能有任何一家单位现成的管理岗位会直接招聘一名刚毕业的大学生，因为就算让他们坐上了那个岗位，他们也完全不知道要干什么。他们对自己的前途可谓是一片渺茫。

但是，仅仅是强调客观理由，对于大学生的未来职业规划并无助益。根据多年的就业情况来看，那些有素质有能力的大学生，他们的就业机会明显要多于一般学生。而这些容易就业的学生的素质、能力并不是天生而来的，而是通过日积月累知识，逐渐锻炼出来的。这些优秀的大学生，他们往往在大学里就已经树立了自己的理想，有了就业、前途规划，在现实中，他们不断用自己的实际行动将规划付诸于实际，最终使自己成为有“才能”的人。

可见，在大学期间初步设定未来职业方向是非常重要的，与个人成功与否密切相关。曾经看过一个成功的大学生的故事。他从毕业到年薪百万，只花了短短 3 年的时间。他本人总结成功经验就是四个字：目标明确。他在大学期间的所有社会实践都是搞营销和营销策划，毕业以后发了 N 份求职简历的职业要求也只有一个——搞营销。

所以说大学生最好在学校就确定自己的职业方向。如果连未来要干什么都还没有想好，哪怕参加了实习实践，也可能对未来求职和实际工作毫无帮助。要知道：确定了职业方向，选择正确的路比跑得快更有效！因为只有在正确的路上，你才知道怎样去找到自己的人生捷径。

要想清楚准确地确定自己的职业方向，那就必须先清晰而深刻地回答以下三个问题：

1.我到底想干什么？

2.我到底能干什么？

3.我为什么干这件事情？

当你可以清晰而深刻地回答这三个问题时，你就找到了你的职业发展方向，找到职业发展方向，才能助你未来拥有成功的事业！

四年后是工作还是继续深造，现在就要做好选择

如今很多人在升入大学后，往往感觉非常轻松，觉得终于可以歇一歇了。于是，很多大学生在骤然放松之下，对各种娱乐活动或网络聊天、网络游戏产生了浓厚的兴趣，而对专业学习和自己的目标规划却常常疏忽乃至漠视。这种做法十分不可取。

在大学里应该早点为毕业出路做出选择，是参加工作还是读研？有的人

是到了大四才去考虑自己的出路问题，那时候太晚了，因为大一至大三的时间如何度过，基本上决定了一个大学生的毕业出路，这三年应该好好准备，为目标去努力。然而遗憾的是，很多低年级的大学生根本就不知道自己将来要干什么，所以没法确定自己的目标，没有办法做出毕业的选择，这就导致了到大四毕业时找不到好出路。

刚进入大学的那段时间，正是大学新生熟悉新的学习环境，对自己的大学学习和生活，乃至以后的人生道路做出认真规划的关键时期。因此，大学新生在努力适应大学学习和生活的同时，还应该想一想，自己究竟想要成为什么样的人？自己有什么样的理想和追求？将来毕业之后是参加工作还是继续深造？

只有清楚地知道自己想干什么，然后为这个目标不断努力，为自己做一些计划，并持之以恒地坚持，这样你一定会度过一段充实的大学时光，最终大有收获。

例如考研，我们在大一时就可以规划一下专业课和英语应按照怎样的标准去学习，才能把课程学深学透，在学习时如何合理地调配二者的比例。并且要时常关注一下各个学校的招生情况，看看自己青睐的学校都招收哪些专业的研究生，有什么新增的专业，考试的透明度如何，是不是倾向于招收本校毕业生而外校生不易被录取，公费和自费的比例大致是多少，学校里都有哪些比较著名的导师，他们的研究方向是什么，学术水平如何，研究成果有哪些……如果你已经确定了想要报考的导师，那么就应该重点关注一下他的学术观点，因为很多学者的学术观点一般都有其独特性，而导师的观点又往往是我们在应试时解答相关问题的指导方向，因此应对这一点尤为重视。另外，你还可以从侧面了解一下他的脾气性格，兴趣爱好等等。

如果不打算考研，那么毕业后将面临就业，这个问题同样需要提前做准备。近年来，大学生“毕业即失业”的现象越来越普遍，甚至有一种新观点认为，大学生“未毕业先失业”。这正是因为很多大学生不能清楚地看到自己所学专业和社会需求之间是否存在差距，也不能看到自己的缺陷和不足在什么地方。其实这些问题都可以通过提前准备，从日常的观察和对信息的搜集与积累中寻找解决的办法。

大学生可以从大一时就开始积极注意社会的需求状况，多了解相关的情况，多请教老师和学长，并据此科学规划今后的学习。通过科学地规划各种学习和活动所占的时间，来达到最优的时间利用率。

总之，在大学里应该提前为毕业出路做准备，四年后选择工作还是继续深造，应该在大一时就做好选择。下面我们举一个因早作准备而成功的例子。

李先生今年27岁，是一家律师事务所的律师。他高考时考的成绩并不理想，最后只上了湖南一所独立学院，学的专业也是调剂来的勘测专业，而不是自己喜欢的法律。于是，那时候的李先生也感到自己的前途很渺茫，他开始放纵自己，不上课，不做作业，常常躺在床上睡觉。回忆那段时间时，李先生说："那个时候我有些绝望，又感到不平。我时常这样问自己：'我的未来就是这样吗？'"

后来，大一下半年遇到一个偶然的机会，李先生获悉法学硕士研究生可以招收非法律专业考生，于是他心中产生了一个强烈的愿望：想通过跨专业考研来改变自己的困惑，重新为自己作一次选择！于是，李先生从那时开始就给自己定下了目标——报考中国政法大学。

确定了考研后，李先生的目标终于变得清晰明确了。买书、参加辅导班、到法律系旁听法律专业课……李先生把这一次考研当成了第二次高考，希望能尽全力挽回高考时的失意。三年多时间转眼而过，李先生的法律基础有了很大的提高。在考研的日子快要到来的时候，李先生又为自己制定了非常严格的考前复习计划，高度重视英语和政治这两科公共科目，他把专业课，也就是联考指南整整看了五遍，并且在此基础上反复做试题，尤其是历年专业课考试题。终于，功夫不负有心人！李先生如愿收到了中国政法大学的录取通知书！他终于迈进了当代中国法学最高学府——中国政法大学，公费攻读法律硕士研究生。

光阴似箭,顺利完成学业的李先生来到深圳一展抱负。今天的李先生已经走进了庄严的法庭,成为一名律师,这一切都是他刚入大学时没敢想到的!这一切的成就都要归功于大一下半年毅然决定跨专业考研的人生目标,正是这一次重要的选择,改变了李先生后来的人生走向。如今的李先生不再那样茫然,虽然他仍然不知道前方的路是否宽广,但是他至少已经找到了自信和人生的目标!

机遇只会青睐有准备的人。刚入大学的你,为获得机遇准备了什么呢?

从政、从商还是搞学术,大一就要做好准备

人生之旅从选定方向开始。没有方向的帆永远是逆风,没有方向的人生不过是在绕圈子。在很久以前,西撒哈拉沙漠中的旅游胜地——贝塞尔,是一个只能进,不能出的贫瘠之地。在一望无际的沙漠里,一个人如果凭着感觉往前走,他只会走出许多大小不一的圆圈。后来,一位青年在北斗星的指引下,成功地走到了大漠边缘。这位青年成了贝塞尔的开拓者,他的铜像被竖立在小城的中央,铜像的底座上刻着一行字:新生活是从选定方向开始的。

西方有一句谚语说:"如果你不知道你要到哪儿去,那通常你哪儿也去不了。"要想走更远的路,既要马不停蹄地赶路,还要尽量不走弯路。不走弯路就是捷径。为了不走弯路,一开始就要明确自己的目标,知道自己要到哪儿去,并且矢志不渝地朝着这个目标前进。

我们或许会为不思进取、自甘堕落的人愤怒,认为他不争气,而若是自强不息勤奋刻苦的人,因为走了太多的弯路而最终一无所获,我们则更加会哀悼他的不幸。

某君曾经一心想着考研究生,准备读完博士找所大学教书,安安稳稳地过日子。为此,他每天都背着厚厚的考研辅导资料去图书馆自习。大四的时候,

他突然觉得考公务员更有意思，于是转而考公务员去了。在政府机关工作一年以后，他发现自己确实不适合在官场发展，便辞职来了深圳。此后他又陆续换了几份工作，至今仍然一事无成。

为了少走弯路，人生规划便成为每一个大学生至关重要的事情。未来是要从政、从商还是搞学术，从迈进大学校门就要做好准备。

从政指进入党政军和其他一切“吃皇粮”的机关和事业单位。相当一部分大学生把“学而优则仕”奉为圭臬，或者是把仕途作为毕业以后最佳的选择。这些人在学校的时候就会想方设法为自己争取政治资本，譬如积极入党、担任各种职务等等。到了毕业求职的时候，如果有党政军之类的单位前来招聘，那场面简直可比春运时的火车站。如：成都市青羊北路街道办事处曾公开招聘社区居委会主任、副主任和委员，前往报名的人当中大学生占了总人数的三分之一。北京、上海等大城市也有不少名牌大学的博士前往应聘居委会的职位。

从商指的是加入或创建以营利为目标的市场主体，参与市场竞争。几年前，大学生就业时曾流行这样一句话：一流人才去机关，二流人才去外企，三流人才去民企。可是，随着中国日益从一个以政治为中心的社会转变成一个以经济为中心的社会，说这句话的人越来越少了。“枪杆子里面出政权”这个命题正在被时代逐渐修正为“经济地位决定发言权”。

而搞学术主要是指获得一定学位、在某个学术领域有一定造诣之后，在大学或者其他学术研究机构专门从事教学和学术研究。包括一些企业的技术研究人员也可以归入到学术的行列。

当然，从逻辑学上说，把所有职业分为这三类未必会很周全。有一些职业，譬如医生，似乎被归入以上三个阵营的任何一个都有点儿牵强。还有一些职业则似乎不止归为一类，比如党校的老师、国企的高管等等。但是，从整体上来说，将这种分类方法作为人生规划的逻辑起点不但是可行的，而且是必要的。

当大学生搞清了以上三条职业道路之后，需要考虑的问题便摆到了面前：在这人生的三岔路口，你将何去何从？自然，你只有先决定从政，才能考虑在哪一个所属部门发展；只有先决定从商，才能考虑在哪一个行业做生意；也只有决定了搞学术，才能更好地考虑自己究竟在哪一个专业领域继续发展。

朱元璋最初只想过要当一个节度使，可是最后他却阴差阳错地当上了明朝的开国皇帝。假如他最初的目标只是拥有一间小店，或许他最终顶多只能成为一个豪商巨贾而已。甚至他也可能一事无成，因为适合当皇帝的人未必适合做商人。

这里关于人生方向的分类方法跟大学生基于专业分类而形成的思维方法大相径庭。任何一个专业的人都可能走上这三条道路中的任何一条。也就是说，大学生不必被自己所学的专业束缚住。一个中文系的学生可能毕业以后进入政府机关做秘书，若干年后就有了个一官半职；也可能进入各行各业的公司，进电视台或报社，等到时机成熟了就自己开个公司当老板；还可能读了硕士接着读博士，最后留在大学当了一名老师，若干年以后成为了国内某学术研究领域的泰斗。

然而，这一切都需要对自己有一个清晰明了的分析，知道自己适合做什么，然后从进大学的第一学期开始，就积极地管理自己的学业和将来的事业，化被动为主动！因为没有人比你更在乎你自己的工作与生活。"让大学生活对自己有价值"是你的责任。许多同学到了大四才开始做人生和职业规划，殊不知这时候再来思考为时已晚。一个主动的学生应该从进入大学时就开始规划自己的未来，从政、从商还是搞学术，大一就要做好准备。

新生创业，小心"短命"化

面对大学生就业难现象，社会舆论大力宣传"大学生不应该是抢饭碗的人，而是造饭碗的人"，各高校也非常应景地提出了"以创业促就业"的理念，鼓励引导学生走创业之路。于是，很多在校大学生就纷纷加入创业行列。然而现实却总没有那么美好，现实情况往往像浙江义乌工商学院副院长贾少华教授所说的那样："坯都还没有成型就夭折或变形了，怎么去造碗啊！"

北京邮电大学世纪学院院长李杰对此专门做过一项统计：大一的时候，校内的创业社团项目多如牛毛，但能坚持到大四、且成功向社会延伸并继续生存下来的可谓是凤毛麟角，绝大部分都非常短命。他说："大学生创业走进了一个'其兴也勃焉，其亡也忽焉'的怪圈。"

北京某学院投资50多万元，计划在学校内打造一个"80后"、"90后"餐厅，以供大学生创业实践，可没持续多久就无奈地选择关门大吉了。参与创业的学生反思后认为，失败的主要原因是不知道怎么去协调各种社会关系，缺少对风险控制的能力。

许多高校学生一提及创业，首选就是校内开店、摆摊等。他们往往由于缺乏宏观视野，对实际社会需求与商业价值缺乏判断力，明知竞争对手比比皆是还往里冲，不可避免地面对那些恶性竞争不知所措。为了寻求营利，他们与社会竞争对手针锋相对。然而，"硬碰硬"地过招并不为大学生、尤其是新生所擅长，于是乎，创造未来获利性增长的希望也就越来越渺茫，结果自然就只能是灰头土脸地败下阵来。

面对如此情形，浙江万里学院执行校长陈厥祥认为：流通领域的低端创业不应是大学生去追求的。大学生更应该选择那些具有浓厚专业背景的行业和领域进行创业实践，这样才具有可持续性。

但现实却是，一些大学生创业团队让人有"恨铁不成钢"的感慨。

LEE同学是某校第一个在北京注册公司的大一新生。一年下来，校内与LEE的工作室一同诞生的创业社团有十四五家，但至今只有他这家仍然在生存，并成功地走向市场，发展成为一家充满活力的创意文化传媒有限公司。

LEE谈及创业初期的经历时，不无感慨地说："学生创业团队经营成本低，但成员自我约束力差，管理成本高，效益低下。我们工作室创立初期的两三个月，大家都拿不到一分钱。后来，随着业务的增长，每人每月工资从9元增加到30元，再到100元、300元。但相对于社会用人成本来说，这个数目还算低廉，但创业团队总是让人恨铁不成钢。"

为什么新生创业，那么容易令人产生无力感，踏入"短命化"的怪圈呢？

首先，作为一个创业团队，一旦开始运作自然就必须产生领导，这就让原本同学之间平等的关系被打破，而多数人都一下子难以适应领导与被领导的关系。

其次，团队成员之间的分工与合作精神很难令人满意。比如布置一项业务时，需要各路人马同时启动进程。当到预定时间时，“你可能会发现60%的人按时完成了，40%的还在半路磨洋工”。“或许一次两次还可以被谅解，但久而久之这种拖沓作风就会影响整个团队的战斗力”，LEE说。

LEE创业时就碰到过这样的情况，当时团队规定晚上6点开始上班，但个别成员却由于个人的习惯问题总要迟到一刻钟左右。于是一些成员就责问他：“为什么我们到了他没到，凭什么我们做这么多工作而他没有做？”

第三，难以利用经济杠杆刺激他们的工作激情。部分大学生参加创业社团并不是因为缺钱，他们甚至连自己都不能确定到底需要什么，要朝哪个方向努力。他们不像一般的企业员工，需要挣钱来养家糊口。管理上的奖惩措施对他们而言可谓是毫无效用，甚至有的同学恼羞成怒地拂袖而去：“有书不好好读，为什么来这里受窝囊气！”

现在的大学生大多个性突出，他们并不愿服从管理，因而导致一些创业社团也因为内部一些鸡毛蒜皮的小事常常闹得不欢而散。同时，也有许多大学生在选择创业项目或社团时，往往是出于满腔热情，根本没有对市场需求进行充分调研，理性思考。于是出现了“三天打鱼两天晒网，激情来去匆匆”的尴尬现象。当他们激情消退之后，就会发现道路并不平坦，这时候，创业的团队还能支撑多久，走多远？创业成功的LEE思考再三表示：“荣誉给了我们坚持的信心与前进的动力。”

新生创业都是艰苦的，想要找到一上手就能赚到大钱的项目，几乎是不可能的。所谓万事开头难，市场和社会认可度都不可能一蹴而就，这需要随着创业进程不断深入与发展逐渐积累。因此，这个情况下最需要的是坚持与韧性，绝大多数创业项目之所以“短命”，就是因为死在了黎明前的黑暗。创业的过程，也许很痛苦，但是走过了最艰难的阶段就会很快乐。

其实，新生创业尝试失败也并非坏事，关键是不要让“一朝被蛇咬，十年怕井绳”的恐惧感所萦绕，最后甚至打消了今后再创业的念头。新生创业项目的失败率高，除了有市场客观规律外，高校走入创业教育的误区也是其中一项很大的因素。

有的高校创业一条街、创业园区里，学校为创业的学生提供办公桌与货柜等，甚至包括启动资金，如此保护式的做法，如何能让学生感受到破产的风险呢？这只会让他们觉得生存、倒闭都无所谓，自然他们的潜力也就难以得到应有的发挥。

校园学生市场的天地太小，资源有限，与市场实战相距甚远，倘若只是一味地关起门来“创业”，那么新生创业失败也是必然的。

术业有专攻，一技之长是就业的“筹码”

随着经济和科技的发展，导致社会分工越来越细，人也因此而越来越“退化”成一个工具。工厂流水线上，工人每天都在机械地重复着同样的动作，对于流水线上的其他环节，一无所知。一个工人在鞋厂的流水线上工作了近十年，或许还是不知道一双鞋究竟是怎么做出来的。如果把工厂比喻成一台大机器，那么每个工人就只是这台机器的一个零件而已，至于其他零件是如何运转的，他不知道也不需要知道。

尽管写字楼里的白领看上去并不是在工厂里做着流水线的工作，但他们却照样被精细的社会分工定格在了非常有限的工作领域里。做产品的员工往往没有机会接触市场，做市场的则很难知道产品的策划和推广，做技术的更难有机会接触到其他工作。而且，即便是在部门内部，也仍然存在着细致的分工，做产品的可能只局限于某一类产品，并且只负责前期策划、品牌宣传或其他某一个环节。

在这样一个跟流水线毫无区别的工作环境中，衡量一个人的工作能力，最首要的只可能是他能否出色地完成自己的本职工作。一个计算机程序员就算没有任何文字功底，而且对于美工一窍不通，只要他能够做出非常优秀的程序方案，他就绝对是一个优秀的计算机程序员。相反，就算一个计算机程序员既能帮文案写点文章，又能帮美工设计一些方案，但如果他设计的程序不够专业，那他就只能收拾东西走人。

任何一家公司招聘的时候都是按照职位来招人的，决定你能否被聘用的也只是你能否胜任这个职位。如果你不适合，就算除此之外有很多的职位适合你，你也照样只能被拒之门外。

曾经有一个美术系的毕业生去一家公司应聘美工。因为她有过同行业的工作经验，并且提供了风格不一的设计作品。负责人频频点头表示满意，但出于招聘的起码原则，负责人要求她当场设计一个宣传单张。结果却让负责人大失所望。她用了很长时间才完成，并且设计的作品比较粗糙，距离工作的专业性要求还有一段距离。

这到底是什么原因呢？原来，她对美工、策划、写作等工作都是略知一二，但是却无法出色地胜任单一的美工。这不能不让人感到万分的遗憾。

所以说，在用人单位的眼中，十个百分之十相加的结果并不是百分之百，而是零。

某企业的人力资源部经理在历经磨难后感慨地说："千招会，不如一招熟。"

这位经理曾从事过很多个行业，干过的职位他自己都快数不上来了。一转眼10年光阴就在他频繁的跳槽中悄然流逝，而他仍然对任何一个行业都不精通，当别人问他从事什么行业时，他自己也答不上来。干过那么多行业、那么多职位，到头来却没有一个是自己精通的。

在频繁跳槽的这10年中，无数个机会都和这位经理擦肩而过。他曾经是一家著名厨具公司的"开国元老"，可惜他没干多久就辞职了。当年和他一起在那工作的同事当中一直留下来的，如今早已成为公司的高管，每年都能得到公司丰厚的利润分红。后来，他又进入了一家房地产策划代理公司。当时专业的房地产策划代理行业才刚刚兴起，而他当时所在的那家公司拥有多方面的资源，很多进入那家公司的人都在几年后便自立门户并发展迅速，有的甚至比“老东家”发展得更好。所以，很多行业内的人都把那家公司称为中国房地产策划代理行业的“黄埔军校”。可惜，这个部门经理还来不及毕业就退学了。这是他后来的人生中最后悔的一件事情，可是，后悔又有什么用呢？

后来，他终于决定继续回到地产行业长期发展，才终于做到了部门经理的位置。

销售最讲究“核心竞争力”。而对于一位大学生而言，学好技能的过程就是积累竞争资本的过程，就是未来竞争的资本、就业的“筹码”。为了让自己未来能得到一份理想的工作，就必须让自己具有足够的“核心竞争力”。说白了，就是要让自己拥有一技之长。一技之长并不仅限于所学的专业，而只要是能够让自己胜任一份工作的专门知识或者特长都可作为一技之长。

不过，需要强调的是：如果真的要将专业以外的专长作为自己的一技之长，那就一定要在这个领域比科班出身的更加专业。比如，在两个都过了英语专业四级的求职者中，如果一个是英语专业而另一个不是，那用人单位应该只会考虑英语专业的了。但如果非英语专业的过了专业八级，那结果则可能就完全不一样。

专业无冷热：选你所爱，爱你所选

由于不同的专业有着各自不同的内容和体系，这才产生了专业偏向、专业冷热等问题。俗话说，尺有所短，寸有所长。不同的专业受欢迎程度也有所不同。说到专业的冷热，其实教育部或其他有关权威部门都没有对此进行过任何区分；而且就专业本身而言，并没有什么所谓的冷热之分。之所以要划分出不同的专业，其实只是为了让广大的同学对自己所学的知识有所侧重，有所选择，有所专长。然而，社会上却普遍容易以高考竞争程度和就业率的高低作为划分冷热专业的标准。

其实，这种看法是极为片面的，也是不准确的。俗话说："十年河东十年河西。"冷热门专业也同样如此。随着社会需求的不断变化，所谓的冷热门专业也在不断变化。所以，专业并不存在什么冷热之分，只是在特定的一段时间，社会对各个专业的人才的需求有所不同而已。

当我们经过寒窗苦读，终于有幸在高考中脱颖而出，那么请你尽量选择自己喜欢的专业。如果你有幸被自己喜欢的专业所录取，那么恭喜你，你将迈入一段愉快的学习生涯；但是如果你所学的专业不是你所喜欢的，那么也请你不要灰心。因为不管你学的是什么专业，只要你在专业的领域中学有所长，那你就一定能利用你所学的知识做出一番成就。这也正应了"三百六十行，行行出状元"的话。因此，无论你最初是抱着什么样的心态去看待自己的专业，都请尽快摆正心态、稳定情绪，好好地开始适应大学生活，用心地投入到专业知识的学习中去。要知道，不满和抵触的情绪除了会影响自己的学习进程之外，毫无好处。

对于刚迈入大学校门的新生来说，对专业的理解云里雾里是常有的事。有很多人其实根本没有真正了解过自己的专业，只因为这个专业不是自己的初衷，或是因为它还没有得到社会的广泛认可，所以从一开始就对学习产生了抵触的情绪，并不认真对待。结果不但自己成天为学习而烦躁不安，期末成绩也是一路红灯，更有甚者被降级、退学，搞得自己颓废不堪，老师头痛不已，家长伤心欲绝。而事实上，另一方面，有的学生却能很好地调整自己的心态，积极主动地投入到学习中去。一段时间后，他们发现，其实自己的专业还是很值得学习，并且有很大的挖掘空间的。一旦用心学习，你就会发现，只要"爱你所选"，把专业学好学精，就能学有所成。

某省属高校的小柯同学，当初由于高考失误，被调剂到了乏人问津的市场营销专业，四年之后，精于功课并积极参加社会实践充实自己的小柯却成为了招聘会上的"香饽饽"。

2006 年，共青团中央学校部北京大学公共政策研究所联合发布的"2006 年中国大学生就业状况调查"中，被视为冷门专业的农学就业率高居榜首，占总就业率的 78.38%，哲学和历史学在已签约和已有意向但未签约的比率也高达 40.35%和 51.85%。

这个数据让我们可以确信：无论你最初的理想是什么，只要记住，用心去学习，认真去探索，就必定有所收获。

当然，如果你对本专业有过一番细致而深入的了解之后，依然认为自己志不在此，那你也不必灰心。因为在目前，转专业已经成为不少为专业所烦恼的学生的另一种选择。不过在作出这一选择的时候务必要慎重，可以利用一部分课余时间，通过校内院系主页、该系学生、著名教授等途径去了解自己所感兴趣的专业，而不要只是道听途说或自己心里决定好就下决心。

要知道，兴趣是最好的老师。在了解了专业的一些基本结构和特点之后，请培养对专业的兴趣，并慢慢探索出本专业特有的学习方法，逐步建立专业思维模式。兴趣可以激发你的学习动力，可以让你逐渐体会到专业的魅力。对于专业，爱你所选，选你所爱！化被动为主动，不再为考试而学习，而是为自己的兴趣而学习。这样的学习，将不再是机械、死板的，而是在日常生活中会不自然地以专业的视角看问题，将理论与实践相结合。这样做不但巩固了知识，还有可能对所学的知识加以创新，当这样的一种思维模式逐渐成为一种习惯之后，那么你离成功也就不再遥远了。

四年生涯怎么过才最划算：以最低的学习成本获得最高的人生利润

21 世纪是“快鱼吃慢鱼”的信息时代，“不进会退，慢进也会退”，只有在大学四年里，以最低的学习成本获得最高的人生利润的人，才能在激烈的竞争中获得更为有利的位置，把握住一个个转瞬即逝的机会。

不必通读全书，学会快速接受信息

“万般皆下品，唯有读书高”，这种崇尚读书的传统观念从一个侧面诠释了读书对一个人的重要意义。我们说，书是人类智慧的阶梯，顺着这架阶梯，积累的不仅仅是智慧，还有一个人的价值。读书可以使人开茅塞，除鄙见，得新知，增学问，广见识；读书的意义在于使人拓视野，较通达，不固陋，不偏执；读书的意义还在于涵养性情，修持道德；读书的意义更在于使人清晰地认清现象与本质，从而认识自己，塑造自己。

当代美国的许多首席执行官都酷爱读书，这些大富翁把读书视同为自己事业成功的标志和保障！拥有15亿美元个人财富的风险投资家迈克尔·莫瑞茨，是他发现了谷歌、雅虎和YOUTUBE等世界最知名网络公司的巨大价值。他拥有的书籍量是常人不可想象的。他说：“只要书进入了我家，我就可以保证它在我生活中占据一个永恒的位置。因为我的生活总是有书相伴，它们像沉积物一样逐渐累积。”

腹有诗书气自华，读书对一个人气质的改变是一个从量变到质变的过程。在大学里，你的主要任务就是读书学习，因此你将面临大量的阅读任务。要完成如此大的阅读量，如果每一本书都要精读、细读，恐怕谁都会感到力不从心的。比如那些社会科学和人文科学的文章，看似简单，实则充满了高深难解的句型结构和复杂难解的逻辑关系。自然科学会大量消磨你的时间，让你无休止地面对众多复杂难懂的技术资料，有时甚至会使你对各种数据和统计图表“怀恨终生”。例如仅仅是为了学习“物质是运动的”这个真理，教授们就会指定一大批必读书目，而且常常要求在下一周上课之前读完。这听起来是不是很可怕？其实你完全不必害怕。你只需记住一条简单的法则：不必通读全书。

对于一个勤奋好学的学生来说，倘若完不成教授指定的阅读任务，似乎就有大不敬之嫌。但这很正常，其实你根本没有必要读遍提纲中所列书目的每一页。你只要做好下面的事情就好。

在预习与课程相关的材料时，通常先浏览其中的主要观点，然后在上课时作好笔记，课后就只需把内容补充完整就可以了。学生有时的确会对那些浏览式的阅读心生恐惧，但是你最终还是必须克服这一点。你必须掌握一口气看完上百页书的技能，而快速阅读的秘诀就在于先仔细浏览每章的绪论和结论，然后再扫视其他部分。当你遇到感兴趣的句子时，就在旁边划个小符号做标记，这比给句子图色要迅捷许多。不要让自己陷入力图理解每个段落意义的泥潭之中。相反，你只要对那些支持主题的重要段落多加留意就行了。尽管这样做可能会让你遗漏一些重要的观点，这一点不足为奇，但是你的老师不会遗漏任何观点，所以上课时如果讨论这个主题，那你就要多多注意，如此一来你就能发现你所忽略的内容。考试前，你只需复习课堂笔记以及书上做了标记的句子，就能帮助你迅速有效地掌握知识了。

如果在课堂上有某个问题未曾涉及，而你在看书时又非常确定那是重点内容，那请你还是把它仔仔细细地阅读一遍。如果阅读之后你还是对这个问题存有疑虑，那你可以等到与老师会谈的时候和老师讨论一下，并适时作好笔记。如此一来，细心的阅读加上按照老师心目中的重点所做的笔记，学习起来就能事半功倍，对考试也就不用担心了。

在准备论文时，如果你有多种可供选择的题目，那你可以把许多书作为背景材料来阅读，然后尽快定下论文的题目，接着就针对你所定的主题展开阅读，并跳过选读书目。这样不仅能让你在有限的学习时间里完成论文，又能对你的老师保持应有的尊重。

一般情况下，理科学科的教授都会要求学生在每次上课之前看完一至两章与课上将要详细讲解的内容紧密相关的艰深的技术资料。因此首先你要快速地将它们浏览一遍，了解其大概的内容，然后把主要的精力投入到认真的听课中去。理科学科并不考验你的阅读能力，而是考验你对在课堂上学到的概念的理解能力。因此，作为一名理科学生，你的学习目标应该是理解每节课的内容，并能够熟练地运用所学的知识。如果你发现自己在课堂上很难跟上老师的讲课进度，那么就需要在预习时加强阅读，直到你可以轻松自如地听懂教授讲的课程为止。总的来说，理科类的阅读费时不多，所以你要把更多的精力放在更重要的地方——课堂听讲和作业解答上。

这种快速完成课堂学习任务的方法，其实都是可以通过后天习得的。在刚开始时，你必须多加注意，尽可能地大量阅读。但是当你一旦了解了你的老师和课堂上的授课重点，那你就可以快速地浏览资料，直到在预习和提高效率之间找到一个最佳的平衡点。如果你对一流学生是如何在短短的时间内完成大量的阅读任务心存疑虑，那么通过这篇文字你就可以得到你想要知道的大部分答案了。

选修课可以拓宽知识视野

德州某高校学生小罗最近有些困惑，原本爱学习的他面对刚刚选修的一门门课程有些不知所措，“我现在上大二，明显感觉到学习积极性不如大一，对选修课的热情也减少了，看到有的同学选修了课程却并不去上，我也产生了‘逃课’的想法，该怎样对待专业之外的选修课呢？”

不知何时，大学里开始流行起这一句话：“必修课选逃，选修课必逃。”虽是一句玩笑话，却道出了选修课的尴尬境地。

我们知道，大学与中学的最大不同就在于学习的自主性，也就是说，在大学里，每个学生都可以根据自己的兴趣和需要选择自己喜欢的一些课程作为选修。

所谓选修课，是指可由学生自主选择的除专业课和公共课以外的课程。大学生平时有较多的课余时间，所以学校为了充分利用学生的课余时间，让学生可以在主要课程学习之余，选择一些自己感兴趣或能够扩大知识面的专业进行选修，这无疑可以让大学生扩大知识面，提高综合素质。一般地说，大学开设选修课的本意是为了实现专业培养目标，让学生可以开阔视野。然而，却有很多同学并没有真正意识到这一点，他们对选修课掺杂了很多功利化的想法，自认为选修课没有学习的必要，只要能混够规定的学分帮助顺利毕业就可以了。很明显，这种想法违背了各个高校开设选修课的初衷。

国内著名学者张静如教授针对选修课的作用这一问题，曾说过："一个护士会打针没有什么了不起，但是一个外行会打针，那是真正了不起的事情。"不错，选修课正是为当代大学生提供这样一个让"外行人会打针"的平台。在今天这个快速发展的时代，单一的学科知识很难真正适应人才发展的需要，许多学数学、统计的学生毕业后可能会涉足金融行业，从事建模和分析的工作；一些化学、物理专业的学生则想要攻读教育学、心理学方向的研究生，这时，全校范围内的选修课就可以为他们的发展提供最为广阔的发展空间。其实，大学设置选修课的初衷就是为了打破专业之间的森严壁垒，发展学生的兴趣和综合能力，拓宽学生的知识视野。

因此，我们的大学生应该用正确的心、正确的态度去选择，去对待选修课，让喜爱从此发自内心。选我所爱，爱我所选。

大学生在对待选修课时，不要仅仅停留在浅层的了解和获知上。选修课毕竟与专业课和公共课有所不同，它对同学学习的要求相对来说没有专业课那么严格，虽说这样不太会让学生产生逆反心理，但是同时它在学生心中的分量也相对小了很多，所以到最后，真正能投入学习的人并不多。这就导致了很多学生上课的时候注意力不够集中，学习缺乏足够的动力，以致对学习不能形成有效的系统的认识，从而导致学习目的较模糊，学习动机不强，学习既不消极也不太积极等一些弊端。为了避免发生上述情况，最重要的就是大学生一定要在思想上对选修课有足够的重视，还要对其产生一定的兴趣。应注意不要仅仅停留在知道这门课大致内容的基础上，更要杜绝仅仅是为了获得学分才选修某些课程，或是"选而不修"的不正常现象。

在大学这样一个崇尚学生自主性的环境中，学生完全可以像海绵吸收水分一样充分吸收知识，把握机会，不断地充实自己。因此大学生务必要把握

住这个可以自主选择感兴趣的机会，认真学习每一门选修课。

为了能开阔眼界，增长见识，扩大自己的知识面，不断丰富自己的内涵，提高自己的创新能力，在选修课的选择上，应遵循以下一些原则：

1. 在思想上不要把选修课当成选修课，不要单纯为了拿学分而去选课，更多的要从自己的兴趣爱好和掌握知识出发，以开拓自己的事业、创造更多的机会为目的来进行选课。

2.切不可“三分钟热度”，若是选了课，没几天就没了兴趣，再而失去信心，然后逃课，那么到头来还是学不到东西。

3.尽可能让自己的选修面更广一些，不可太片面或是太冒进。

总之，大学里设置选修课是为了让学生更好地展示自己，发挥所长，学习更多的知识，扩大视野，为自己的未来创造更多的机会，因此大学生应该好好把握这个难得的机会，对待选修课要“爱我所选，选我所爱”，千万不要“选而不修”。

不读死书，养成良好的思考习惯

古人云：“不深思则不能造（成就）其学。”爱因斯坦也说过：“学习知识要善于思考，思考，再思考。我就是靠这个学习方法成为科学家的。”

“学而不思则罔”，思考是学习的灵魂。在学习中，知识固然重要，但更重要的是驾驭知识的头脑。如果一个人不会思考，他只能做知识的奴隶，知识再多也毫无用处，而且也不可能真正学到好知识。知识的学习重在理解，而理解只能通过思考才能实现。思考的源泉是问题，在学习中应该注意不要轻易放过任何问题，有了问题不要急于问人，应该力求独力思考，自己动手动脑去寻找问题的正确答案，这样做才有助于思考能力的提高。

著名的心算家阿伯特·卡米洛从来没有失算过。

这一天他做表演时，有人上台给他出了道题：“一辆载着 283 名旅客的火车驶进车站，有 87 人下车，65 人上车；下一站又下去 49 人，上来 112 人；再下一站又下去37人，上来96人；再再下站又下去74人，上来69人；再再再下一站又下去17人，上来23人……”

那人刚说完，心算大师便不屑地答道：“小儿科！告诉你，火车上一共还有____”

“不，”那人拦住他说，“我是请您算出火车一共停了多少站口。”

阿伯特·卡米洛呆住了，这组简单的加减法成了他的“滑铁卢”。

真正“滑铁卢”的失败者拿破仑也有一个故事。

拿破仑被流放到圣赫勒拿岛后，他的一位善于谋略的密友通过秘密方式给他捎来一副用象牙和软玉制成的国际象棋。拿破仑爱不释手，从此一个人默默下起了象棋，打发着寂寞痛苦的时光。象棋被摸光滑了，他的生命也走到了尽头。

拿破仑死后，这副象棋经过多次转手拍卖.后来一个拥有者偶然发现，有一枚棋子的底部居然可以打开，里面塞有一张如何逃出圣赫勒拿岛的详细计划！

两个故事，两个遗憾。

他们的失败，其实都是败在思维定势上。心算家思考的只是老生常谈的数字，军事家想的只是消遣。他们忽略了数字的“数字”，象棋的“象棋”。由此可见，在自己的思维定势里打转，天才也走不出死胡同。

无数事实证明，伟大的创造、天才的发现，都是从突破思维定势开始的。

古人有云：“为学患无疑，疑则有进。”现代大学生，应该敢于思考、敢于存疑、肯于请教。

读书最忌讳不用脑，不思考。勤思维，才能增加学识，开启智慧。书不仅要“吃”进肚子里，更要及时“消化”变成自己的东西，这样读书，才有益处。大学更是吸收知识，增长见识的最佳时候，如果此时只是走马观花，敷衍了事，或是一心死读书，纵使“读书破万卷”，又怎么能增长知识，开启智慧呢？

会读书的人，讲究“掩卷三思”，讲究用脑子读书、用心读书，吃透书的精神，消化吸收书的营养。为什么说有的人有智慧、有学问、能言善辩？这和他们不读死书，养成良好的思考习惯有关。是思考式的读书，使他们受益匪浅，使他们饱有品位。一知半解，或是不求甚解的死读书，虽然也有一定的作用，但却是效果甚微。

思考，并不是简单的与书同悲，与书同喜。我们大学生还要弄懂为什么书可以让我们悲喜，这样读书，也就超出了一般的读书，与作者站到了同一个高度，甚至可以站到比作者更高的高度，来审视作者，审视作品。死读书，往往是被作者“牵着鼻子走”；而思考式的读书，则完全可以“跳出三界外”，在一个更大的背景之下读书，使自己在读书中收获超凡脱俗的最佳效果。同样是读书，效果却有所不同，这问题就在于会不会思考。思考是知识、智慧升华的过程。这个过程也许是漫长的，但绝对是有必要的。

如果说读书是一种乐趣，那么思考式的读书，就是一种理性的升华，一种智慧的升华。因读书的方法不同，其获取的营养，也各不相同。

我们大学生要深知，读书最忌读死书，死读书。就算把所读过的书，都能倒背如流，如果不能养成良好的思考习惯，把书中的知识与时代、与现实相结合，触景生情，举一反三，读了又有何用？

去图书馆，它是为你而设的

图书馆可以说是最重要的资源库，在大学里，图书馆与师资、实验设备一起被称为办学的三大支柱。因此，如果大学四年没有充分地利用图书馆的话，那就等于浪费了一大笔财富。

2007 年 6 月，武汉大学人力资源管理专业 2003 级学生张同学毕业了。在学校期间，张同学几乎每天都要去图书馆，认真阅读与本专业相关的资料和刊物，深入思考一些前沿性学科问题，后来他在《国际论坛》、《中国人力资源开发》等刊物上发表了20多篇论文，给同院系的学弟学妹们留下了非常深刻的印象。他感慨地说："在图书馆的学习，培养了我进行科学研究的严谨作风和执著的精神，使我真正形成了自己的核心竞争力。"

2007年11月，广州大学图书馆联合学校相关部门和院系，共同举办了"广州大学首届大学生利用图书馆资源技能大赛"活动。活动以"书香校园，技能比拼，逐鹿书城，舍我其谁"为口号，分三轮进行比赛，依次为笔试初选、借书大赛和上机操作。比赛的优胜者将代表广州大学参与广州市高校技能大赛。在大赛第二阶段的借书比赛中，100多名选手被要求按照临时抽到的试卷刷卡进入图书馆，然后利用图书馆数据库查询书籍所在的位置，在最短的时间里找到试卷中指定的所有图书，并将其迅速交到评分台，再刷卡退出。主办方表示，他们是希望通过此次大赛，帮助学生提高对信息的获取能力，提高自主创新的能力，建设"书香校园"。

如今，我国绝大部分高校都拥有藏书量丰富的图书馆，并且加强了网络化和数字化文献资源的建设，对文献资源建设类型进行了适时的调整，逐年加大对电子资源的收藏力度，图书馆各类型电子文献逐渐成为学术信息资源的主要形式，数字化文献信息资源体系已具有一定的规模。

图书馆作为人类积累知识、保存文化遗产的宝库，是传播、交流知识和信息的中心，它被人们亲切地誉为"智慧和知识的海洋""无言的教师""永恒的朋友"……

曾经有一位学长在给新生传授经验时说："大学四年你能取得多大的学习成果，关键就要看你对学校图书馆的运用程度。"我们知道，中学和大学有一个非常明显的差异就在对图书馆的使用上。中学的教育完全是以传授知识为主，按照教材和老师的课堂教学来进行，基本上不需要看各种类型的参考书；而且在应试教育的强大压力下，学生也大多不愿意花太多时间主动去图书馆。然而大学的主要任务除了给学生传授知识外，更重要的一点就是培养学生的能力，其中一个重要的能力就是自学能力。自大学阶段开始，学生必须用主动式学习取代被动式学习，学生在可支配较多自由时间的同时，也面临着更为艰巨的学习任务。而且教材的作用降低，参考书刊的作用相对提高。老师在课堂上只会提纲挈领地讲一些重点、要点，学生必须靠课外自学，到图书馆找到相关的资料，自己钻研、自己消化吸收，才能加深对所学知识的理解。大学的老师在课堂上都会提出一些科学前沿的内容，然后提供一些课外学习的阅读资料，这时学生就可以通过图书馆查找书籍、文献以及电子版的资料，以便能够接触更广泛的知识和研究成果。同时，如果在一门课程中发现了自己感兴趣的问题，也应该积极去图书馆查阅相关资料，了解这个问题的来龙去脉和目前的研究动态。

图书馆不仅是知识的殿堂，是信息的集散地，是大学生自修的最佳场所，还是培养大学生综合素质的课堂。现代高等教育注重"方法"的学习以及独立学习和思考能力的培养，尤其是独立检索、获取、处理信息方面的能力，更是21世纪大学生必备的基本素质。在利用图书馆的过程中，我们自然而然地会接触到文献信息检索和使用的相关知识和方法，这对我们锻炼自己处理信息的技能，培养自己的信息意识，从而形成独立学习的能力都有很大的帮助。

另外，经常去图书馆阅读，还可以拓宽我们的阅读方向，别的学科或我们感兴趣的课外书，也不妨看一下。歌德说："读一本好书，就是和许多高尚的人谈话。"广泛阅读有助于我们拓宽自己的知识面，完善知识结构，丰富我们的学习方法、研究方法，帮助我们扩大视角和思路，便于我们更好地分析、思考问题。

那么，大学生要如何来利用你身边的知识宝藏呢？首先，要了解图书馆藏书的种类以及提供的服务。现代图书文献按载体形式区分有：印刷型，缩微型，声像型，光盘型；按出版形式区分有：图书著作，期刊，科学报告，政府出版物，专利文献，学位论文，产品样本，科技档案等。

其次，要了解图书馆的藏书布局。图书馆设有书库和阅览室。开架书库的图书凭读者ID卡可以借出图书馆阅览，阅览室分文科（理科）参考书阅览室、期刊阅览室、报纸阅览室、文献检索阅览室、工具书阅览室等。各阅览室的图书资料主要供读者阅览，也可以短时间借出去复印。除此之外，还有多媒体阅览室，在这里可以阅读光盘资料，查找网络资源信息。

另外，还要熟悉计算机查询系统的终端操作。该系统靠图书馆内部局域网和特定的图书查询搜索软件运行。一般键入书名，即可知道图书馆是否藏有你所需要的图书，省时省力，非常方便。因此，同学们必须学会熟练运用计算机终端来查找图书资料。

逃课，需要付出高昂的代价

也许你对大学抱着许多美好的憧憬，也许你梦想中的大学是一个神圣的学术殿堂，校园里绿树成荫，常春藤掩映着宽敞明亮的校舍，白发而儒雅的教授，抱着学术著作匆匆而过的同学……

但是没过多久，你也许又会感到，原来那些很看好的课程只是有个吸引人的名字，内容实在是枯燥乏味之极；甚至一些大名鼎鼎的教授也只是虚有其名，所讲的课一样让人听了直打瞌睡。你不禁对眼前的这一切感到失望："这难道就是我心目中的大学吗？"

接下来的日子，你逐渐发现了大学中一些小"秘密"：大学的课程实在太好"浑水摸鱼"了，只要躲过了老师的点名，不去上课也不会有人管你。如果你再能好运地通过期末考试，那你就更不会有任何麻烦了。于是你开始慢慢逃避上课。

然而等到毕业时，你这才蓦然发现大学生活犹如南柯一梦，除了考试之前临时抱佛脚背诵的几个重点之外，你竟然什么也没有留下。根据一项调查显示，有近六成的大学生不知道自己该干什么。他们把大学当作"由你玩四年"的场所，直到毕业时才不免产生恐慌。一位学生在博客里写道："就要毕业了，回头看看自己的大学生活，我想哭。不是因为离别，而是因为什么都没学到。我不知道简历该怎么写，它似乎是一片空白。我最大的收获也许是……对一无所获的忍耐和适应……"

对外经贸大学公布的一项调查显示，在接受调查的550名大学生里，有72.6%的学生认为“逃掉没有兴趣的课，去参加有兴趣的学生活动或讲座”不算违纪行为。数据显示，近一半的学生一学期逃课2~3次，18%的学生逃课在5次以上。大学生逃课，早已不是什么罕见的现象了。

这些逃课的大学生中，除去少数部分是真的因为需要更好地学习而逃课外，有不少学生是完全因为被外面的繁华世界所吸引，热衷于上网聊天、网络游戏而屡屡逃课的。他们中的大多数人都只为图一时之乐而不去计算成本是否合算。殊不知，逃课成本，需要一个高利润来弥补。

据《长江商报》报道，“一个本科生一年要花1.6万元，逃一节课最低成本是12.35元。”

中南某工商管理学院一位辅导员，辅导院系由于逃课、玩游戏而旷课的学生，一学期下来八个专业572名大一学生中竟然出现了86人“挂科”的现象，于是对学生逃课现象进行了一次调查。

当他发现有的学生迟到，有的旷课，甚至还有学生冒名顶替代答“到”之后，感到非常痛心。决定以电子商务和信息管理两个专业为例，给学生们算一算一学年的经济账。随后，他把这笔账贴在了学院大一年级学生QQ群里。

经计算，每个学生每周约36节课，一个学期按18周算，共有648节课，一学年有1296节课。每个学生每学年要交学费4500元或5850元，而每个学生一年的衣、食、住、行大概花费3500元。这样每个家庭每年承担大学生的费用约为8000 ~ 9350元。

“再加上国家每年给学校培养费大约每一位学生8000元，也就是说每个在校大学生每年的花费为16000元到17350元。平均下来，大学生每节课的成本就为12.35元至13.39元。”该辅导员说：“大学生上课也是在‘挣钱’，父母供学生读书，生活压力都不小。学生在校就应该以学习为主，不要虚度光阴。”

该“逃课成本”经济账一经贴出，就在学生中引起了强烈反响。一位来自山东农村的信息管理专业的学生说："不算不知道，一算吓一跳，看来上课也是一种'收入'啊。我的老家在偏远地区，全家的年收入少得可怜，如果我逃课一节就意味着我的母亲白忙活好几天，这样的逃课成本岂止是经济账，还是一笔良心账呢！"

不错，逃一次课的成本和由此产生的消费或许能计算得出，而父母的期待、爱与血汗却是无从计算的，可见，逃课所需要付出的代价是非常高昂的。因此，一个懂得计算成本的大学生，都不会选择逃课这一毫不经济的行为。

竞争要获胜，就要比别人早一步

决定做一件事，就应该赶快行动，不能拖沓和等待，竞争中想要取胜，就要比别人早一步。

时光荏苒，四季无言，很多时候，即使只是迟疑了一秒钟，机会也就永远失去了。

海尔集团首席执行官张瑞敏，在一次中层干部会上提出了这样一个问题："石头怎样才能在水上漂起来？"员工的回答可谓五花八门。有人说，把石头掏空。张瑞敏摇摇头。有人说，把它放在木板上。张瑞敏说没有木板。有人说，石头是假的，张瑞敏强调石头是真的……终于有人站起来回答："速度！"张瑞敏脸上露出满意的笑容："正确！《孙子兵法》上说：'激水之疾，至于漂石者，势也'。速度决定了石头能否漂起来。"

有这样一则寓言：一只野狼卧在草地上勤奋地磨牙，狐狸看到了，就对它说："天气这么好，大家都在休息娱乐，你也过来跟我们一起玩吧！"野狼没有说话，继续磨牙，把它的牙齿磨得又尖又利。狐狸奇怪地问道："森林这么静，猎人和猎狗已经回家了，老虎也不在近处徘徊，又没有任何危险，你何必那么用劲磨牙呢？"野狼停下来回答说："我磨牙并不是为了娱乐，你想想，如果有一天我被猎人或老虎追逐，到那时，我再想磨牙就来不及了。而如果平时我就把牙磨好，那么到时候我就可以保护自己了。”

“洪水未到先筑堤，豺狼未来先磨刀。”在老虎扑向你之前，先准备好跑鞋；在被猎人和猎狗追逐之前，先把牙齿磨得又尖又利。这样在危险突然降临之时，才不至于手忙脚乱。人生也是如此，没有人为你等待，也不会有机会为你停留，只有与时间赛跑，你才有可能获胜。早起的鸟儿有虫吃，赶在别人前头，永远比别人快一步，永远也不要停下来，这是竞争者的姿态，也是胜利者的姿态。因此，想要在竞争中获胜，就要比别人早一步！

作为当代大学生的你，是否常常遇到这样的情况：某知名教授来学校举办讲座，讲座完后，留下几分钟自由提问的时间。你的心开始狂跳，你早就已经想好了一个非常棒的问题，但是你迟迟没有举手。周围黑压压的人群让你害怕，你害怕当众说话，害怕教授觉得你的问题很幼稚。你一直做着思想斗争，手屡次想要举起。就在这时，提问的时间结束了……

21 世纪是“快鱼吃慢鱼”的信息时代，“不进会退，慢进也会退”，只有快速行动，才能在激烈的竞争中获得更为有利的位置，把握住一个个转瞬即逝的机会。古语有云：“明日复明日，明日何其多，我生待明日，万事成蹉跎。”

因此，要想在竞争中获胜，我们要培养立即行动习惯，下面这几条箴言是比较有用的。

1.**不要等到所有的条件都完备才行动**。在真实的世界里，没有完美的时间准备开始。你必须在问题出现的时候及时采取行动。最佳的开始时间是去年，次佳的开始时间是此刻。

2. **让自己成为一个行动派**。想法不付诸实施，在你的头脑里停留越久，就会变得越微弱。几天后，细节变得模糊；一周后，想法会变得一干二净。记住，只有想法没有行动，不会带来成功，一个付诸实施的平凡想法，比一堆你保留到“某一天”再去实施的卓越创意更有价值。因此，请做一个行动派，你会让更多的任务完成，并在过程中激发出新的想法。

3.**用行动去克服恐惧**。行动中最艰难的时刻是开始的时刻。一旦事情进入正轨，你就会建立起自信，事情也会变得越来越容易。

4.**发挥你的创造能力**。如果你需要写些什么，强迫你自己坐下来写。把笔放在纸上，开动脑筋，涂鸦，随着你双手的移动，你将文思泉涌，并深受鼓舞。

5.**活在当下**。不要为你上一周做了什么，或者明天可能会做什么而焦虑。你唯一能够做事情的时间就是此刻。

生命需要立刻行动，只有行动才会有成果，只有迅速行动才能在竞争中获胜。大学生们，请不要再犹豫，立刻去做，至少要比别人早一步，这样才能去拥抱胜利。

合理安排闲暇时间

大学生上课时间较少，可供自由支配的时间较多。对于刚从高中毕业一路走来的大学生而言，闲暇时间既是福祉又是祸害。一方面，你大部分最美好的回忆都来自于和朋友欢聚的时刻——那些和朋友一起畅所欲言、一起玩电动游戏，以及一起观赏某部好莱坞大片的难忘时刻。另一方面，娱乐的诱惑力又颇具危险，它能轻而易举地使你降低学习的效率。连你自己也会吃惊，因为即使你还有大量的任务有待完成，此诱惑力仍能轻而易举地说服你继续玩乐。你还会发现自己面临更糟糕的问题，并为此感到痛苦不堪：每当你试图放松时，你总是在想，也许这时你应该学习，于是负罪感从你心中油然而生。对于这两种痛苦中的任何一种，你都是不愿意碰到的。

那么，在几年的大学生活中，怎样才能使自己美好的愿望得到健康的发展，在现实的土壤里结出更丰硕的果实呢？幸运的是，你可以采用一个既不同寻常又简单易行的法子，来免去这些烦恼，同时又确保有足够的时间休息与放松——规划你的闲暇时间，争取让自己充分利用每一段时间。

要规划好闲暇时间，首先要知道什么时间称得上是闲暇。也许有很多人认为，所谓闲暇时间，就是除全力工作的时间之外的所有时间。首先这个观念就是不正确的，所谓的工作时间应该是指除明确的放松时间之外的所有时间。

其次，我们每天早上在制订计划时，必须做到两点：第一，确定当天的界点。例如，也许晚上十点是你平时的界点，那么从那时起，你就可以完全放松直到上床休息。第二，确定一天中具体的放松时间。例如，你也许计划午餐后看一个半小时的电视，下午花两个小时到健身房锻炼并和朋友喝下午茶，晚餐过后花一到两个小时散步、和家人聊天。而在剩余的时间里，你的任务就是学习。这样一来，在这一天中，你就不会怀疑自己是否应该放松。你要么是在计划之中的休息时段，要么是在计划之中的学习时段。你这样做不但能减少毫无计划的休息，也能提升你的学习准则——在计划好的放松时间之前要做的事情就是努力学习。

从另一个角度看，闲暇时间的合理安排，可以让你的学习更有效率，而且当你放松时，你也能完全放松。你可以不必去担心自己没有尽到责任，或漏做了重要的事情。在这段休息的时间里，你还可以培养一些特长和业余爱好，因为这不但不会妨碍自己的学习，还会促进和提高学习效率。爱因斯坦是一个著名的物理学家，然而他却能拉一手好的小提琴。在他研究觉得劳累的时候，在他感到孤独和无奈的时候，小提琴总是伴随着他，给他灵感和力量。实际上每一位伟人都会有自己的业余爱好去支撑他的学习和生活。

特长和业余爱好能锤炼一个人的人格。体育活动能使人积极向上，精力充沛，有很好的配合能力。音乐使人聪明，文学使人富于想象，美术使人理性和练达……一个有多种业余爱好的人是不会孤独和自私的，他会在丰富多彩的业余爱好中获得丰富的人生体验，获得做人的快乐。毛泽东主席早年在湖南师范学习时，就非常注意体育锻炼，他爱好游泳，并且到老年他还一直保持这一爱好。

合理规划好闲暇时间，虽然乍听起来有点吓人，但这样做却绝对是有必要的。其实，你并没有损失或增添闲暇的时间，你只是把这闲暇的时间分类并整合起来，使自己更能充分地享受休闲的时光。要想你四年的大学生涯过得有意义，以最低的学习成本获得最高的人生利润，就要好好地规划你的闲暇时间，因为这不仅是个双赢的主意，也是轻轻松松提高效率的有效途径。

用小目标实现大突破

大成功是由小目标所累积,每一个成功的人都是在达成无数的小目标之后,才实现大突破,成就他们伟大的梦想。

有大目标是走向成功的第一步,但如果只立志不努力去现实,那就不是志向,而是空想。我们大学生就有许多人因为目标过于远大,或理想太过崇高而最终放弃了。他们设定的目标并未给他们的人生提供任何帮助。

对此,美国哈佛大学行为学家罗布提出了“小目标成功学”概念。他认为,有些人误以为自己能一步登天,一下成为成大事者。实际上,这是不可能的。一是由于你的能力并不够,二是由于成大事必须经过长久的磨练。因此,真正能成大事者善于“化整为零”,从大处着眼,小处着手。

有人做过一个实验:安排三组人,让他们分别向二十公里外的一个村庄步行。第一组的人对村庄的名称和路途的长短一无所知,只告诉他们跟着向导走就是。刚走了四五公里就有人叫苦,走了一半时有的人几乎愤怒了,他们抱怨为什么要走这么远,到底什么时候才能走到目的地。又走了几公里,离终点只剩三四公里时,有人甚至彻底放弃,坐在路边休息,再不愿向前走一步了。最后坚持走到终点的只有一半人左右。第二组的人知道村庄的名字和路段,但路边没有里程碑,他们只能凭经验估计行程时间和距离。走到一半的时候,大多数人就想知道他们已经走了多远,比较有经验的人说:“大概走了一半的路程。”于是大家又簇拥着向前走,当走到全程的四分之三时,大家开始变得情绪低落,感到疲惫不堪,而路程似乎还很长,当有人说:“快到了!”大家才又振作起来加快了步伐。第三组的人不仅知道村子的名字、路程,而且公路上每一公里都安置了一块里程碑,人们边走边看里程碑,每缩短一公里大家便有一小阵的快乐。行程中他们用歌声和笑声来消除疲劳,情绪一直很高涨,所以很快就到达了目的地。

这个实验说明，当人们的行动有明确的目标，并且把自己的行动与目标不断加以对照，清楚地知道自己的进行速度和与目标相距的距离时，行动的动机就会得到维持和加强，人就会自觉地克服一切困难，努力达到目标。

1984年，在日本东京国际马拉松邀请赛中，一位名不见经传的日本选手山田本一却出人意料夺得了世界冠军。当记者问他凭什么取得如此惊人的成绩时，他说了一句饱含深意的话："凭智慧战胜对手。"当时，不少人都认为这个一时侥幸才跑到前面的矮个子选手是在"故弄玄虚"。10年以后，这个谜底才终于被解开。他在他的《自传》中写道："每次比赛之前，我都要乘车把比赛的路线仔细看一遍，并把沿途比较醒目的标志画下来。比如第一个标志是银行；第二个标志是一棵大树；第三个标志是一座红房子……这样一直画到赛程的终点。比赛开始后，我就以跑百米的速度，奋力地向第一个目标冲去，过第一个目标后，我又以同样的速度向第二目标冲去。起初，我并不懂这样的道理，常常把我的目标定在40千米外的终点那面旗帜上，结果我跑到十几公里时就疲惫不堪了。我被前面那段遥远的路程给吓倒了。"

山本田一将大目标分解为多个易于达到的小目标，一步步脚踏实地，每前进一步，达到一个小目标，最终才实现了大目标。

俄国作家托尔斯泰亦是如此才最终完成了大突破的。他从青年时代起，就给自己定下了人生的目标。托尔斯泰既有一辈子的大目标，也有一个月、一年的短期目标，甚至有一天的小目标……这样，他随时都有目标，随时都能感受到实现目标的喜悦，能始终保持高涨的情绪，对未来充满信心，自然有利于实现最终的那个大目标。托尔斯泰的成功，与他善于把总的目标分解成若干个阶段性的小目标有莫大的关系。

要达到目标，就要向着目标一步一步前进，就像上楼一样，不用梯子，从一楼到十楼是很难蹦上去的，相反蹦得越高就摔得越狠，必须一步一个台阶地走上去才可以。而如果将大目标分解为多个易于达到的小目标，一步步脚踏实地，达到一个一个小目标，水滴石穿，总有一天会完成一个大突破。

大成功来源于小目标的累积。我们大学生不要好高骛远，不要小瞧了那些小目标，只要你不放弃地完成那一个个的小目标，就一定有成功的机会。只要不怕艰苦，不懈努力，最终迎接自己的一定是成功。

因此，大学生应该为自己设立几个清晰而切近的“次目标”，因为它们就像一块磁铁，越近对金属的引力就越大。在实践中，只要不放弃，就一定有成功的机会，如果放弃，就是失败。不怕艰苦，不懈努力，迎接自己的便将是成功！

培养好口才，机会要靠推销自己来争取

成功的道路上，口才的作用非比寻常。人一生的成功与失败，很大程度上取决于他的口才。戴尔·卡耐基在谈到口才时就曾这样强调：“好口才是所有成功者的共同特点。”富兰克林也曾说：“说话和事业的进行，有很大的关系，你如出言不慎，你如跟别人争辩，那么，你将不可能获得别人的同情，别人的合作，别人的助力。”要想把握住转瞬即逝的机会，就要学会说服他人，向别人推销自己、展示自己的观点。

俗话说：“茶壶里煮饺子——有嘴倒（道）不出。”倘若一个人能力卓越却无法用语言表达，那他就是如此。他们可能在某一方面具备有过人的能力，但是他的口才却让自己的能力贬值！结果往往是败在口才而不是能力上。

在市场经济中，作为一个想施展抱负的当代大学生，就必须培养好口才，学会推销自己。如果一个人总是默默无闻，那么即便你是身怀绝技的千里马，也只有老死于槽枥之间。

刚刚大学毕业的王楠在一次面试中，亲身体会了好口才对推销自己的重要性。

王楠到一家公司去面试。面试进行过半的时候，主考官问：“请问，你认为

自己最大的弱点是什么？”

这个问题很明显是一个陷阱，如果老老实实地回答：“我的计算机水平不强”，“我性格内向不善与人交往”，“我学习新东西的速度比较慢”，结局自然也就可想而知了。

如何才能把缺点变成为自己优点的宣传呢？王楠灵机一动：“我的最大弱点是……对人太热忱，以至于朋友太多，私人时间有时会奉献给朋友和电话。”

听了王楠的回答，主考官的眼里明显地掠过了一道亮光，“为什么选择加盟我们公司？”“我用的相机就是贵公司的产品。这四年来它四处拍摄美丽的风景，让我感到十分的满意……”王楠的这一招“亲和力”路线，再次点燃了对方眼里的亮光。

“你期望的工资是多少？”这又是一个致命的“陷阱”，差之毫厘，就会谬以千里。说实话，王楠多么想开出一个“天价”，每月的工资能够买得起市中心的一平米房子，那该有多好啊？可是，他知道倘若那样回答，他将很可能会令所有努力都功亏一篑。

于是，他审慎地答道：“我想，一份与我的能力以及与贵公司的盛名相符的薪水，这是你们可以接受的吧？”

最后，当主考官例行公事地说“你有什么要问我”时，王楠面带微笑地问：“还能再见面吗？”这位主考官冲王楠微微一笑，轻轻地说：“当然。一个星期后，再见！”

王楠的面试之所以能取得成功，要归功于他的好口才。好口才就是敲门砖，如果不能把自己推销出去，又怎么会有机会一展自己的才华呢？

众所周知，如今早已不再是什么“酒香不怕巷子深”的年代了，有才华的人也不能坐等伯乐上门发现自己。世界上自认为有才华的人多了，你要想先被伯乐发现，就要先学会推销自己。

如果你平时说话都能引起别人的共鸣，得到别人的认同，赢得别人的赞赏，这就说明你已经拥有了好口才并成功地把自己推销出去了。反之，如果你说话只会遭来别人的厌恶反感，那么，别人对你这个人也不会接受，这等于你推销自己失败了。

那么，如何才能用口才把自己成功地推销给别人呢？

1.要敢于毛遂自荐

毛遂是古代战国时赵国平原君的一位门客。据《史记 · 平原君列传》记载，赵孝成王九年（公元前257年）时，秦军包围了赵国的都城郎韩，平原君前往楚国去求援。毛遂自己表示愿意随同前往。当平原君和楚王商讨合纵之计，楚王犹豫不决时，毛遂按剑上前，向楚王陈述唇亡齿寒的利害关系，终于打动了楚王，同意发兵救赵。

从此，后人把自我推荐的方法称为“毛遂自荐”。要想尽快把自己推销出去，就需要“毛遂自荐”，自己做自己的伯乐，把你的优点告诉给能改变你命运的“伯乐”。

2.说话时要充满自信

要想说动别人，就要先建立自信。一个缺乏自信的人，说话时言语不流畅，吞吐搪塞，情绪紧张，很难得到别人的认可。如果你说话的时候，充满自信，理直气壮，那么感染力也自然会比较强。

3.要充分展示自己的能力

几乎人人都愿意与能力较强的人交往，而对那些整日消极，愁眉不展的人有抗拒感。所以在与人相处时，我们也要在自己真实能力的基础上，充分展示自己的能力，这样不仅可以与更优秀的人拉近距离，更重要的是可从中受益，让你的人际交往也能顺利地助你走向成功。

4.紧张的时刻对自己笑一笑

众所周知，笑是医治信心不足的良药，当你感到紧张时，不妨对自己笑一笑，这样可以缓解自己的紧张情绪。

5.恰当地运用幽默

一般情况下，我们都是先接受这个人，然后才会决定与这个人合作，或者其他联系。假如你是一名推销员，你只有先把自己成功地推销给别人，让别人接受你这个人，然后才会接受你的产品，而幽默则是让别人接受你最有效的方法之一。

被誉为日本寿险业推销之神的原一平，曾连续15年获得日本全国寿险销售业绩冠军的佳绩。他身材矮小，其貌不扬，但是他的口才却令人称赞。对于别人来说，身材矮小可能是一个缺点，但原一平却能将这个缺点加以利用，让它成为销售的助力。下面是他和一个客户初次见面的开场白：

"您好！我是明治保险的原一平。"

"噢！是明治保险公司。你们公司的推销员昨天才来过的，我最讨厌保险了，所以他被我拒绝啦！"

"是吗？不过，我比昨天那位同事英俊潇洒吧？"原一平一本正经地说。

"什么？昨天那个仁兄啊！长得瘦瘦高高的，哈哈，比你好看多了。"

"可是矮个儿没坏人啊。再说，辣椒是越小越辣哟！俗话不也说'人越矮，俏姑娘越爱'吗？这句话可不是我发明的啊！"

"可也有人说'十个矮子九个怪'哩！矮子太狡猾。"

"我更愿意把它看成是一句表扬我们聪明机灵的话。因为我们的脑袋离大地近，营养充分吗！"

"哈哈！你这个人真有意思。"

原一平就是这样以他矮小的身材，配上刻意制造的表情和诙谐幽默的话语，在他特意营造出的轻松氛围中与客户面谈，不知不觉地拉近了双方的距离，成功促成业务。

美国最伟大的营销大师在谈到他的成功时说："我时时记得，我在推销商品，更在推销自己。"不仅推销员需要练好口才推销自己，任何一个想要有所作为的人，都面临着如何推销自己的问题。

古往今来，成功的人多为能言善道之辈，而败者则多不善言辞。唯有善于说话的人，才能够顺利地获得别人的认同与帮助。可见，好口才是一种不同寻常的能力，这种能力可以帮助我们争取更多的机会！

大学里必须要培养的六种能力

大学四年，如果你学会了从思考中确立自我，从学习中寻求真理，从独立中体验自主，从计划中把握时间，从表达中锻炼口才，从交友中品味成熟，从实践中赢得价值，从兴趣中获取快乐，从追求中获得力量。那么你将会获得巨大的收获，对任何事情都具备能够拥有的自信和渴望。你就能成为一个有潜力、有思想、有价值、有前途的人。

大学是人生的关键阶段。刚进入大学的你终于可以放下高考的重担，开始追逐自己的理想、兴趣。你第一次离开家，开始独立参与团体和社会生活；第一次有机会去实践你在学校里学习的理论知识；第一次可以脱离被动，能够完全自主地处置生活和学习中遇到的各类问题，支配所有属于自己的时间。

大学也可能是你一生中最后一次有机会系统性地接受教育和建立知识基础；最后一次可以将大段的时间用于学习的人生阶段；最后一次可以拥有较高的可塑性、可以不断修正自我的成长历程；或是最后一次能在相对宽容的，可以置身其中学习为人处世之道的理想环境。

所以，在大学阶段，所有大学生都应当认真把握每一个"第一次"，让它们成为未来人生道路的基石；珍惜每一个"最后一次"，不要让自己在不远的将来追悔莫及。在这个阶段里，为了能在学习中享受到最大的快乐，为了能在毕业时找到自己最喜爱的工作，每一个大学生都必须要培养这六种能力：包括自学能力、基础知识、实践贯通、培养兴趣、积极主动、掌控时间、为人处世。

只要具备了这六种能力，大学生临到毕业时所得到的最大收获就应当是"我对什么都可以有的自信和渴望"。

1.充分掌握基础知识

在大学期间，一定要学好数学、英语、计算机和互联网的使用，以及本专业要求的基础课程。我们看到，应用领域里有很多看似高深的技术在几年后就会被新的技术或工具取代，但是唯独基础知识的学习可以受用终身。如果在大学没有打下好的基础，掌握足够的基础知识，那么就很难真正理解高深的应用技术。在中国的许多大学里，教授们对基础课程也比对最新技术有更丰富的教学经验。

虽然追寻自己的兴趣会让学习更有意思，但生活中仍然有些事情是即便不感兴趣也还是必须要做的。学好数学、英语和计算机等这些基础知识就是这一类必须做的事情。

2.自学的能力

教育家 B.F.Skinner 曾说："如果我们将学过的东西忘得一干二净时，最后剩下来的东西就是教育的本质了。"所谓"剩下来的东西"，其实就是自学的能力，也就是举一反三或无师自通的能力。在大学期间，学习专业知识固然重要，但更重要的还是要学习思考的方法，培养举一反三的能力，只有这样，毕业之后才能适应瞬息万变的未来世界。

自学的能力必须在大学期间开始培养。有一些同学总是喜欢抱怨老师教得不好，懂得不多，学校的课程安排也不合理，但其实这并不正确。大学生不应该只会跟在老师的身后亦步亦趋，而应当主动走在老师的前面。最有效的学习方法是在老师讲课之前就把课本中的相关问题琢磨清楚，然后在课堂上对照老师的讲解弥补自己在理解和认识上的不足之处。

中学生在学习知识时更多的是追求"记住"多少知识，而大学生则是应当要求自己"理解"知识并善于提出问题。因为很多问题其实都有不同的思路或观察角度。在学习知识或解决问题时，不要总是死守一种思维模式，不要让自己变成课本或经验的奴隶。只有这样，才能激发潜在的思考能力、创造能力和学习能力。

《礼记·学记》上讲："独学而无友，则孤陋而寡闻。"也就是说，大学生应当充分利用学校里的人才资源，从各种渠道吸收知识和方法。除了教授外，博士生、硕士生乃至自己的同班同学都会是最好的知识来源和学习伙伴。只有互帮互学，才能共同进步。

大学生还应充分利用图书馆和互联网，培养独立学习和研究的本领。

自学时，要注意不要因为达到了学校的要求就沾沾自喜。21世纪，人才已经变成了一个国际化的概念。当你对自己的成绩感到满意时，你可以开始自学一些难度更大的内容，以应对瞬息万变的时代。

3.实践贯通的能力

有一句谚语说："我听到的会忘掉，我看到的能记住，我做过的才真正明白。"在大学里，同学们应该具备将每一个学科的知识、理论、方法与具体的实践、应用结合起来的能力，尤其是工科的学生更应如此。

真正的学习是要在学习的过程中努力实践，做到融会贯通，更深入地理解知识体系，并牢牢地记住学过的知识。因此，我们应该多选些与实践相关的专业课。实践时，最好是与几个同学一起合作，这样，既可以经过实践理解专业知识，也可以学会如何与人合作，培养团队精神。

4.积极主动的行动力

被动的人总是习惯性地认为他们现在的境况是他人和环境造成的，如果别人不指点，环境不改变，自己就只有消极地生活下去。持有这种态度的人，事业还没有开始，就已经注定了失败的结局，因此我们要学会积极主动。一个主动的学生应该从进入大学时就开始规划自己的未来。

要做到积极主动，首先要有积极的态度；其次要对自己的一切负责，勇敢面对人生。不要把不确定的或困难的事情一味搁置起来。但是，我们必须认识到，不去解决也是一种解决，不作决定也是一个决定，这样的解决和决定将使你面前的机会丧失殆尽。对于这种消极、胆怯的作风，你终有一天会付出代价的；第三是要做好充分的准备：事事用心，事事尽力，不要等待机遇上门，而是要自己创造机遇，把握机遇。要做好充分的准备，当机遇来临时，你才能抓住它；最后是要"以终为始"，积极地规划大学四年。任何规划都将成为你某个阶段的终点，也将成为你下一个阶段的起点，而你的志向和兴趣将为你提供方向和动力。只要认真制定、管理、评估和调整自己的人生规划，你就会离你自己的目标越来越近。

5.具备掌控时间的能力

大学四年，往往是最容易迷失方向的时期。因此大学生必须有自控的能力，让自己交些好朋友，学些好习惯，不要沉迷于对自己无益的习惯（如网络游戏）里。

不过，大学里掌控时间并不意味着非要做出一个时间表来。《高效能人士的七个习惯》一书提出，"重要事"和"紧急事"的差别是人们浪费时间的最大理由之一。因为人的惯性是先做最紧急的事，但这么做会导致一些重要的事被荒废掉。因此，每天管理时间的一种好方法是，早上确定今天要做的紧急事和重要事，睡前回顾一下，这一天有没有做到两者的平衡。因此，我们要把"必须做的事"和"尽量做的事"分开，用良好的态度和宽广的胸怀接受那些暂时不能改变的事情，多关注那些能够改变的事情。

6.为人处世的能力

为人处世的能力在社会里、在工作中会变得越来越重要，甚至有可能超过工作本身。所以，大学生要好好把握机会，培养自己的交流意识和团队精神。在大学期间提高人际交往能力，应做到以下几点：

（1）以诚待人，对别人要抱着诚挚、宽容的胸襟，对自己要怀着自我批评、有过必改的态度。人与人之间的交往其实就像是在照镜子，你怎样对待别人，别人也会怎样对待你。

（2）培养真正的友情。在一起求学和寻求自身发展的道路上，友谊可以变得很纯粹，而这种纯粹的友谊弥足珍贵。因此，交朋友时，不要只去找与你性情相近或只会附和你的人做朋友。好朋友可以有很多种：乐观的朋友、智慧的朋友、脚踏实地的朋友、幽默风趣的朋友、激励你上进的朋友、提升你能力的朋友、帮你了解自己的朋友、对你说实话的朋友等等。

（3）从周围的人身上学习。在班级里、社团中，多观察周围的同学，特别是那些你觉得交往能力和沟通能力特别强的同学，看他们是如何与人相处的。

（4）学习团队精神和沟通能力。社团是一个微观的社会，参与社团是步入社会前最好的磨练。在社团中，可以培养团队合作的能力和领导才能，也可以发挥你的专业特长。

（5）提高自身修养和人格魅力。如果你没有特长、没有爱好，就可能会成为自己提高人际交往能力的一个障碍，最好是有意识地去选择和培养一些兴趣爱好。

好心态，永远是你最好的“增长点”

作为大学生，要想取得成功，没有良好的心态是不行的。心理学家告诉我们，成功始于觉醒，心态决定命运！好的心态必须是积极向上的，一个人拥有积极向上的好心态是其最好的“增长点”。好心态的核心就是主动意识，或者称做积极的自我意识，而主动意识的来源和成果就是经常在心理上进行积极的自我暗示。反之也一样，消极心态，就是经常在心理上进行消极的自我暗示。就是说，一个人不同的意识与心态会对其产生不同的心理暗示，而心理暗示的不同也是形成不同的意识与心态的根源。所以说心态决定命运，正是以心理暗示决定行为这个事实为依据的。

比如，星期天，你本来约好和朋友一起出去玩，可是早晨起来打开窗子一看，下雨了。这时候，你怎么想呢？你也许想：糟糕！下雨天，哪儿也去不了，闷在家里真没劲……可如果你想：下雨了，也好，今天就在家里好好读读书，听听音乐吧！这两种不同的心态，就会给你带来两种不同的情绪和行为。

我们多数人的生活境遇都很相似，既不是一无所有，一切糟糕；也不是什么都好，事事顺心。这种一般的境遇相当于“半杯咖啡”。你面对这半杯咖啡，心里产生什么念头呢？消极的心态是为少了半杯而不高兴，情绪消沉；而积极的心态则是庆幸自己拥有半杯咖啡，那就可以好好享用，因而情绪振作，行动积极。

由此可见，心态的不同，会产生积极和消极两种反应，不同的心态必然会导致你有不同的选择与行为，而不同的选择与行为必然会有不同的结果。有人曾说：“一切的成就，一切的财富，都始于一个意念。”我们还可以再说得浅显全面一些：你习惯于用什么样的心态面对事情的发生，就是你贫与富、成与败的根本原因。因而，发展积极心态、走向成功的主要途径是：坚持让好的心态滋润你的内心，鼓励自己去做那些你想做而又怕做的事情，尤其要把羞于自我表现，惧于与人交际，改变为敢于自我表现，乐于与人交际！

其实，我们每个人身上都带着一个看不见的法宝。这个法宝具有两种不同的作用，这两种不同的力量都很神奇。它会让你鼓起勇气，抓住机遇，采取行动，去获得财富、成就、健康和幸福；也会让你排斥和失去这些极为宝贵的东西。这个法宝的两面就是两种截然不同的心态，关键就在于你选择哪一种，经常使用哪一种了。

卡耐基曾经讲过一个故事，对我们每个人都有启发：

塞尔玛陪伴丈夫驻扎在一个沙漠的陆军基地里，她丈夫奉命到沙漠里去演习，她一个人留在驻军的小泥房子里，天气热得受不了——在仙人掌的阴影下也是华氏一百二十五度。她没有人可以聊天，只有墨西哥人和印第安人，而他们不会说英语。她太难过了，就写信给父母，说要丢开一切回家去。她父亲回信只有一行字，这一行字却永远留在她心中，完全改变了她的生活：

"两个人从牢中的铁窗望出去，一个看到泥土，一个却看到星星。"

塞尔玛一再读这封信，觉得非常惭愧。她决定要在沙漠中找到星星。

塞尔玛开始和当地人交朋友，他们的反应使她非常惊奇，她对他们的纺织、陶器表示兴趣，他们就把最喜欢的，舍不得卖给观光客人的纺织品和陶器送给了她。塞尔玛研究那些引人入迷的仙人掌和各种沙漠植物，又学习有关土拨鼠的常识。她观看沙漠日落，还寻找海螺壳，这些海螺壳是几万年前，这沙漠还是海洋的时候留下来的……原来难以忍受的环境变成了让她兴奋、流连忘返的奇景。

是什么让她的内心有了这么大的转变呢？沙漠、印第安人等这些环境都没有改变，改变的是塞尔玛的心态。一念之差，当她选择了好的心态，把原来认为恶劣的情况变成一生中最有意义的冒险。她为发现新世界而兴奋不已，并为此写了一本书——《快乐的城堡》。她从自己的小泥屋里看出去，终于看到了星星。

成功最大的敌人就是消极的心态。这种心态常常会把你打倒。要想获得好的增长，得到成功，必须培养积极成功的好心态，彻底清除消极失败的心态。

著名的黑人领袖马丁·路德·金说："这个世界上，没有人能够使你倒下。如果你自己的信念还站立的话。"可见，一个人有积极的心态，坚定的信念，那么没有人能战胜你，把你打倒。

参加学生会活动，培养自己的领导力

为了能向社会输送品学兼优、综合素质突出的优秀人才，高等学校日益注重将第二课堂同第一课堂紧密结合起来，以促进学生的全面协调发展为目标，积极培养学生的综合素质。在第二课堂中，学生会是学生自我锻炼、自我成长的重要平台，通过组织参与各项工作和活动，学生的综合素质得以提高。参加学生会，特别是担任干部，能使你的决策能力、管理能力、组织能力、沟通协调能力、表达能力和创新能力都会得以全面的发展；能够让你学会把握工作原则和灵活处理之间的平衡，在一定程度上培养你的为人处世的能力，培养你的交际能力，在交际互动中获得更多的学习机会，同时拓展自己的视野。

丁同学是某科技大学的学生。他刚进大学时是很孤僻的一个人，对生活缺乏热情。上大学之后，为了好好享受这人生最美好的四年，也为了让自己的性格变得开朗，他加入了学生会。

他刚加入的一年，作为会员，他大多只是做些跑腿的活，不过他并不因为工作的简单而敷衍了事，相反，他非常珍惜这个与人交流的机会。第二年，他如愿当选为学生会的副主席。当上学生会干部的他，工作起来更卖力了。通过学生会的磨练，丁同学的人际交往能力和领导能力得到了很大的提高，并且他还找到了具体的目标，性格也就随之改变了。

也正是通过在学生会当干部的经历，丁同学找到了很多实习的机会，他的团队协调能力备受实习的公司的老板青睐，甚至邀请他毕业后直接到公司上班。

“有实践工作经验的，我们优先考虑！”如今，在人才招聘会上，越来越多的用人单位把是否有过实践工作经验当作衡量人才的一个不可或缺的标准，而这些对于涉世未深的大学生而言，最直观的体现就是在校期间担任过学生干部或社团干部。当过干部的学生通常具有很强的领导组织能力，这是用人单位最看重的。

从社会学的角度来看，没有一个领导者是天生的，西点军校培养出很多将军和企业领导者，他们一直很坚定地宣传一个理念：“领袖不是天生的。”领军人物的素质可以通过情境得到培育，可以在经验中得到提高和升华。可以说，一个人的经历、兴趣、能力、情商、个人魅力、个人品质、所处职位、内在动机，都影响到领导的整个过程。

领导力是一个能力的问题，大学生可以通过在学生会中的磨练，提高自己在领导力方面所必需的一些因素，成为一位成功的领导者。

一个人的领导力是当今时代的一个热门话题。现代社会越来越强调个性，强调自由，充分解放思想，使人们更加关注自身价值，让生命大放异彩，这为一个人的领导力提供了展示的机会，但同时也给人与人之间的合作提出了前所未有的挑战。如何在充分张扬个性与团队合作之间架起一座桥梁，让个人与社会需求都得以满足，实现双方共赢，成为人类前所未有的挑战。而领导力则恰好就是沟通二者的天桥。

纵观人的一生，大学是沟通个人与社会的最佳场所，也是一个人在确定人生选择之后，开始谋划社会生存的关键阶段。大学是人生的练兵场，大学是社会的孵化器，而学生会的锻炼正是实现这一功能的绝佳路径，是练就领导力的绝佳路径。

不过，要做好学生干部，首先还要认清学生干部的角色定位。学生干部的定位首先应该是学生，其次是干部，再次才是学生干部。他们的角色既是具有学生身份的特殊领导者、教育者和管理者，又是具有领导者、教育者和管理者身份的特殊学生。如果对学生干部这个角色定位不清，就会产生角色冲突，引起心理上和行为上的不适应，这样就会不利于自身的成长和学生工作的顺利开展。

为人处世先立德，学生干部本身的道德品质及由此产生的道德效果会对广大同学产生很大的影响，因而应该以身立教，为人楷模，通过良好的道德品质团结周围的同学。担任学生干部要有正确理性的出发点。现实中一些学生干部同学没有清楚的回答自己“为什么担任学生干部”问题，担任干部时带有功利性色彩，或仅凭阶段性热情，于是导致作风官僚、风气浮躁，破坏了学生干部的形象，从而使得某些学生组织在同学们心目中失去了认同性和权威性。

作为学生干部，要注意培养自己大局观念和事业心，自觉认识自己所从事的学生工作的重要意义，明确自己所肩负的重托，增强责任和服务意识，保证旺盛的工作热情，兢兢业业，积极工作。

俗话说“三个臭皮匠赛过诸葛亮”，一个人的智慧和能力是绝对不可能与集体相比，称职的学生干部还应具备良好的团队意识，与团队时刻保持目标的一致性，能合理处理集体利益与个人利益之间的矛盾，习惯从大局和集体的角度去思考和解决问题，肯定其他成员，包容不同观点和意见。当然，学生干部团队顺利开展工作，圆满完成活动需要依赖于其成员较强的工作能力，因此学生干部在工作中要注重学习和积累，提升自身的综合能力。

参加学生会活动，担任学生干部，培养自己的领导力，应贯穿于整个校园生活和学生工作，其道路和方式具有多维性和个体差异性，学生干部要清楚地认识自我，树立明确的成长目标，把握好方法方向，才能真正在担任学生干部的过程中有所获。

如何在大学里脱颖而出：思路完备开阔，出路才显而易见

任何成功最初都是一个思路,任何失败最初也是一个思路。思路决定出路，观念决定行动，可怕的落后就是思路受阻。你要想在大学里脱颖而出,就必须有一个清晰的思路。思路决定了你现在需要做什么,现在所做的又决定了你未来的发展。须知:思路完备开阔,出路才显而易见!

放开思路，不要在心中竖起栅栏

鲁班是战国时代有名的木匠。有一天，他到山上去砍伐树木，正在爬山的时候，他偶然被山上的一种野草划破了手指。鲁班很奇怪，一棵小草为什么会这么锋利？怎么能划破皮肤呢？他把草摘下来仔细观察，发现草的两边长有许多小细齿。鲁班从中得到了启发，高兴得跳了起来。他想，如果用铁打成边缘上有细齿的铁条，这样不就可以锯树了吗？于是，他做了几根带齿的铁条去锯树，果然又快又省力。锯子就这样发明出来了。

有的同学可能会说，这个故事我儿时就听过、看过。但是不知道你是否发现这个小故事里蕴含的大道理。鲁班看到带齿的野草，就大胆地想象借用它的细齿，做成锯子，用来锯树。而事实也证明了鲁班这一设想的实用性，由此才发明了锯子。

我们当代大学生也应该学习鲁班的这种放开思路、善于想象的好品质。我们每天在学校里学习新知识，但知识本身是没有用的。就像煤，只要你不点燃它，它永远是煤，永远是一堆废物。一个人只有具备了转化知识的能力，才能使所学的知识产生作用。从这一点来说，一个人无论拥有多么丰富的知识，如果他只是死守着这些知识，在心中竖起栅栏，不放开思路，就永远也不能为社会创造出价值。所以，请别束缚自己的想象力，放开思路，大胆、疯狂地想象。

想象是飞雪对春花的仰慕，是一粒种子对森林的呼唤，是女娲手中的泥土，是秦始皇胸中的天下，是孔孟之义、老子之道，是墨家的“兼爱”，法家的“刑名”。想象是一团美丽的薄雾，是一段美丽的彩虹，也许你说它不存在，因为它无法触及，可是它又真的存在，因为它终将会变成现实，让我们感受到它的力量。

美国著名心理学家安东尼·罗宾斯说："想象力能带领我们超越以往范围的把握和视线。"如果你是一个善于想象的人，那么你该为此感到庆幸和骄傲，因为你拥有了无限的创造力，只要你恰当地运用它，你一定可以成功。

想象，总是为艺术所追求，没有想象，艺术的源泉将枯竭。是放开思路、充分的想象才成就了李白心中如银河的瀑布；是放开思路、充分的想象才成就了伯牙、钟子期琴弦上的高山流水；是放开思路、充分的想象才成就了梵高的向日葵；也是放开思路、充分的想象才在词人心中展现了无数的草长莺飞，无数的花开花落与月缺月圆。但凡要成就艺术的美妙，就必然要有想象的土壤，屈原的《天问》里，《西游记》的神话里，画家的颜料盒里、画板上，音乐家的音符里、指挥棒里，都藏着它的身影……想象无处不在。

美国著名作家爱默生曾说："思想是行为之母。"放开思路、充分的想象既是一种深刻的思想，也是科学的宠儿。很久以前，人们便放开思路，想象自己可以登上月亮去领略那无数的神秘色彩，今天，我们早已把这一想象变成了现实。1986年8月14日，在三星堆遗址发现的3200年前的青铜兽面具上，那凸出面部长达16.5厘米的凸目，是人们又一次开发思路、敢于想象的证物，而今天，这种想象也早已经变成了现实——望远镜诞生了。正是先人们放开思路，一次又一次天才的想象，才使得处在史前文明的人们对探索未来充满了信心和勇气，于是一路走来，发展到了科技发达、社会文明的今天。试想，如果当时的人们在心中竖起了栅栏，束缚自己的思想，没有想象，那我们的世界又将是怎么的情景？它一定还停留在某一个落后的时代吧。

放开思路、充分想象不是让你去幻想，幻想会让人变得虚无，是水中月镜中花，是自欺欺人的假象。而放开思路的想象则是萌芽的花蕾，充满着对未来好奇与渴望。当然，任何想象都必须通过实际行动变成现实才有意义。大学生不妨拆掉你心中的栅栏，放开思路尽情想象，继而用现实去验证，相信你会得到无数意想不到的收获。

每天读书，铸造求知的人生

一个人若愈会储蓄就愈会致富，而一个人若愈能求知，就会愈有知识。人们只有通过经常接触书本，才能对学习产生兴趣，才能在不知不觉中增长各种各样的知识，才能不与社会脱节。无论一个人平时有多么忙碌，但还是有许多的光阴是被虚度或浪费掉的，而这些光阴假如可以善加利用，则一定能产生巨大的益处。

著名心理学博士施瓦特说过："只要你每天晚上在临睡前给自己15分钟时间读书学习，我保证你一年之后便会成为我们中的一员。"

原哈佛大学校长艾略特也曾说："养成每天读书10分钟的习惯。这样每天10分钟，20年以后，你的知识水平一定前后判若两人，只要你所读的都是好的东西。"但是，读书不能不求理解，对书籍的钻研是一个人从书本中获取新知识的重要途径。

南宋朱熹开创了中国儒学的一个新篇章，他大半生的时间致力于学术研究和教育工作，成就斐然。

朱熹读书十分刻苦用心，几乎每天都要坚持读书，而且，与他同龄的孩子读书都仅满足于识字、背诵，他却更倾向于用心去体会圣人所讲的道理。他常常为一句话所含的意义而食不甘味，夜不安寝。一旦他领悟了个中道理，便又高兴得不能自禁。朱熹不仅读书刻苦，而且非常善于总结学习方法。他喜欢博览群书，但从不贪多贪快。他认为，读书不明其中道理，就算读得再多也没有用。早年他在读《周礼》时，听人说《周礼》的每一句话都仿佛从圣人心中自然流出，但当时不甚理解。后经多年研读、揣摩，终于豁然开朗。他曾比喻说这就好像以前只听说糖是甜的，盐是咸的，今天亲自尝到了，才真正明白了何为糖甜、盐咸。他还形象地把读书比作射箭，刚刚练习时，只要射到箭靶上就行。但经反复训练，最终要射中靶心，否则也就不能说学会了射箭。

朱熹认为，读书的目的在于弄懂书中的义理，而后照着这些义理去做。他说，十七八岁时读《孟子》，到20岁也只能逐句去理会。以后才明白，书中很多长段是首尾相连的，不能割断了它们的联系，只有把大段的文字综合起来理解，才能得到其中的真谛。朱熹读书还十分讲究循序渐进的方法。他认为，读书都有一个由浅入深的过程，比如要先读《论语》，再读《孟子》；先读《论语》的"学而"篇，再读"为政"篇。读某一本书或某一篇时就要读到把它弄懂为止，再接着读下面的内容。这样，读到融会贯通的地步，就可以说把知识学到手了。

朱熹不仅爱读书、勤读书，而且会读书。他早年兴趣广泛，禅、道、楚辞、诗、兵法样样涉猎。但后来，他又转向专攻儒家经典研究。这"一博"、"一专"，为朱熹的学术研究打下了坚实的基础。

读书破万卷，下笔如有神。如果我们大学生每天都用一定的时间来读书，将为你今后的工作、生活带来精神上的极大丰收。

勤能补拙，勤奋才能造就大事业

所谓成大事，关键是要看人的作用。勤奋的人可成事，懒惰的人则可败事。这一点毋庸置疑！

一件事、一项事业，人是最根本的因素。你用什么样的态度来付出，就会有相应的成就回报你。如果以勤付出，回报你的，也必将丰厚。世上许多成功的事情，一旦缺少了勤奋就会变得不易实现，如果勤奋而为，成功也就不会太难了。

所以，某种意义上讲"成事在勤"实不为过。鉴于此，我们大学生也必须培养自己勤奋的习惯。

《史记·孔子世家》中记载："孔子晚而喜《易》，序《彖》、《系》、《象》、《说卦》、《文言》，读《易》韦编三绝。曰：'假我数年，若是，我于《易》则彬彬矣。'"

孔子读《易经》竟然能把编连简册的牛皮翻断三次，可见其勤奋。不管你是一个凡人，还是一个圣人，在你向圣人努力的过程中，勤奋始终都不可缺少。

勤奋的价值远远超过金子的财富，金子虽然珍贵，但金子是不会取之不竭的。纵然你有黄金万两，但坐吃山空，你总会有穷困的一天。唯有勤劳才是永不枯竭的财源。

爱因斯坦小的时候，有一次上制作课，老师要求每个人做一件小工艺品。课堂上，老师让学生们把他们的制作拿出来，一件一件地检查。当老师走到爱因斯坦面前时，他停住了，他拿起爱因斯坦制作的小板凳（那是一件看上去很糟糕的作品）问爱因斯坦："世上难道还有比这更坏的小板凳吗？"

爱因斯坦以响亮的回答告诉老师说："有！"

然后，他从自己的小桌里拿出了一只板凳，对老师说："这是我做的第一只。"

一个并不手巧的人最后仍然可以成为一个伟大的科学家，不巧的手却可以因为勤奋而变得举足轻重。另一个小故事，也能说明这一道理。

古希腊有位演讲家，他的口才很好，每一次演讲都可以吸引众多的听众。但他年轻的时候却有口吃的毛病，经常受到大家的嘲笑。为了改正这一缺点，他坚持每天开口练习说话。有的时候他一个人跑到山顶上，嘴里含着小石子，训练自己的口型，摸索发音的规律。正是勤奋不懈的努力使他改掉了口吃的毛病，同时说出了一口流畅悦耳的话，从而实现了做演讲家的梦想。

一个人身上存在缺点并不可怕，可怕的是缺少勤奋的精神。自身的缺点，可能会成为我们成功路上的障碍。但伟人、名人就是在克服障碍后成功的。在勤奋面前，再艰巨的任务都会显得不堪一击。

大学生要想在大学里脱颖而出，就要勤奋，就要忌"懒惰"。懒惰是人的本性之一，稍不留神就会流露出来。所以大学生要时刻提醒自己："成事在勤，谋事忌惰。"因为人生短暂，懒惰就如同自杀。懒惰的人会始终沉湎于肢体的舒适之中。怕吃苦怕受累是懒惰者的症状，一无所得，受人嘲笑是懒惰者必将得到的下场。

下面这个小故事，生动地刻画出了懒惰者的心态。

一位探险家在森林中看到一位老农正坐在树桩上抽烟斗，于是他上前打招呼说："您好，您在这儿干什么呢？"

老农回答说："上一次我要砍树的时候，风雨大作，结果，我丝毫没有费力，那些树就倒了。"

"您真幸运！"

"你可说对了。还有一次，在暴风雨中闪电把我准备要焚烧的干草给点着了。"

"真是奇迹！现在您准备做什么？"

"所以这次我准备等一场地震帮我把土豆从地里翻出来。"

懒惰者，缺少的是行动，他们是思想的巨人，行动的矮子。而其实，幸运是绝不会靠等待就能得来的。懒惰，其实就是否定自己。把自己的生命，一点点地耗尽，却不想做一次奋斗，拯救自己。大学时代，正是人生的黄金时期，这时勤奋一些将来定会受益无穷，相反，若懒惰一些，后患也将无穷。一个成功的人，是不会有任何机会让懒惰得逞的。

大学生只有养成勤奋的习惯，才能在大学里脱颖而出，才能在未来的事业上获得成功。

一旦分派任务，立刻开始动手

决定做一件事，就应赶快行动，不要犯拖沓的毛病。

有两个学生同时报考了某著名教授的博士生，但教授只能带一个学生。于是他给两个学生布置了相同的课题作为考核。

几天后，两个学生都交上了自己的课题作业。教授看后，认为两个人花的时间一样多，过程也同样精彩，甚至连结果都大同小异。两个学生也都认为教授可能会很难选择，但教授只是略微沉吟了一下，就选择了学生甲。两个学生都很惊讶，特别是学生乙，不明白自己输在哪里。教授指着课题作业上的时间说："课题是周五下午布置的，你们俩一个是从周五下午四点开始做的，一个是从下周的周一开始做。我选择周五下午四点钟开始的甲，因为一个立刻开始行动的人更具有竞争力。"

然而现实中的我们可能常会遇到一些做事拖拉的人，也许你自己就是个喜欢拖拉的人。生活中有不少人喜欢把该做的事情拖到明天、后天或者下个星期……

美国德宝大学的心理学教授约瑟夫 · R.法拉利经过研究发现，做事喜欢拖拖拉拉的人全世界为数很多。他发现，做事拖拉的习惯其实远比人们想象中的复杂和普遍，而且拖拉问题不是吃药和接受引导可以轻易解决的。

拖拉的人最常见的地方大概就是大学校园了。大学交作业的时间跨度往往很长，但很多学生却总喜欢到要交作业的最后一刻才"奋笔疾书"。从老师布置作业起到提交作业的漫长过程里，大学生花很多时间娱乐消遣或者忙于其他事情。其实这样做大大降低了学习效率。

从 20 世纪 80 年代开始，随着一些心理问题研究的逐渐深入，拖拉这一问题也开始受到了研究者的关注。

法拉利教授在他参与编著的《拖拉与逃避任务：理论、研究和应对方法》一书中，阐述了偶然性拖延时间和习惯性拖拉之间的根本区别。他说，并非所有临时抱佛脚的学生都是慢性拖拉症患者，他们或者是因为这样那样的原因而耽误了功课，但在做其他事情的时候他们一般不会拖拖拉拉。在他的另一本论著中，法拉利教授表示，学业拖拉症患者并没有典型的特征。研究同时发现，拖拉症和智力与性格类型之间并没有必然的联系。不过，学业拖拉症患者的确比较缺乏自信，在接受心理学家的"认真程度"测试中得分较低，对生活缺乏憧憬，在集体活动中的表现较差。

法拉利教授的一项调查发现，学校排名越高，患学业拖拉症的学生比例就越高。不过，排名高的学校的学生拖拉动机和排名低学校的学生有所不同。名校学生不按时完成作业是因为他们对那项作业没兴趣，名气较差学校的学生则是害怕失败和得不到周围人的认同。

法拉利教授将慢性拖拉症患者分成两类。一类是"激进型"拖拉症患者，他们的特征是有自信自己能够在压力下工作，因此喜欢把事情拖到最后一刻以寻求刺激。另一种是"逃避型"拖拉症患者，这类人通常对自己缺乏自信，因害怕做不好事情而迟迟不肯动手，或者害怕成功后得到别人的关注。

然而从根本上说，喜欢拖拉的人其实就是缺乏自制力。

吉布上大学之前的生活很充实。读高中期间，他在学校里参加了三种体育活动，每天晚上她都坚持训练，回家还要做功课。在这种情况下，他的平均成绩还达到了70，算是一个不错的水平。考进大学后，吉布的生活完全发生了改变。每天除了没完没了地上课外，吉布不是贪睡，或者泡在网上聊天，就是和室友谈天说地到很晚才睡觉。每次看到那一大堆还没看的书，他总是抱怨教授的要求太苛刻。吉布的拖拉习惯最终让他吃到了苦头。有一次，在一门课程期末考试的前一天晚上，吉布借着咖啡的力量疯狂阅读最后几个星期落下的几章内容。吉布回忆起当时的情形，确实觉得自己的拖拉给自己带来了不必要的巨大压力，他甚至非常悔恨自己平时不努力学习。大学第一个学期结束，吉布有两门功课没有及格。第二个学期结束，吉布的学业表现没有明显的进步，他开始意识到问题的严重性，于是第三个学期一开始，他就给自己列出了一个学习计划表，开始严格按照计划表中的安排进行学习，虽然每天也并没有花太多的时间学习，但第三学期结束时，他的成绩已经是班上前几名了。

不可否认，拖延的诱惑力的确是巨大的，但用临时抱佛脚的方法来对待一个长期任务，结果也可想而知。我们需要用一个方法来克服拖拉的毛病：一旦派给长期任务，当天就将一部分任务完成。完成这项任务不会占用你大量的时间，只需30分钟就已经足够了。就做些简简单单的事：在日历上把学习的时间标出，草拟一份计划，找出并浏览几本相关书籍的导言，记下一些相关的重点，仅此而已。

当你一旦开始动手，那么无论任务量有多少，你都会意识到尽早动手其实并没有想象中那么糟糕。实际上，感觉还挺不错的。你会毫不费劲地开始处理这个任务，它会促使你渴望提前完成更多的任务，直到在不知不觉中，你把所有的任务都顺利完成——而那时绝不是凌晨6点那个完成任务的最后时间。

当然，这种方法并不是保证将长期任务准时完成的灵丹妙药。大学里大量的学习任务的确很难完成。因而你还是应该勤奋学习才行。然而，由于某种心理因素的作用，如果在派给长期任务的当天就完成其中一部分，会在抑制拖延倾向方面起着奇迹般的作用。因此，试一试吧！

别担心出错，要有敢于尝试创新的勇气

曾有人问爱因斯坦："你的思维特点是什么？"爱因斯坦回答说："如果让一个普通人在干草堆里寻找一根绣花针，那个人在找到一根之后就不会再找了，而我则要翻遍整个草堆，把散落在里面所有的绣花针都寻找出来。"

这种从一点出发，不断延伸和追求创新的思维方式，成就了爱因斯坦的伟大。做事情最重要的就是创新，运用创新思维，勇敢地去做。哪怕做自己并不擅长的事情，也别担心出错，因为你要有感于尝试创新的勇气。

美国康奈尔大学的威克教授曾经做过一个有趣的实验。他把一只瓶子横放在桌子上，瓶子的底部向着有光亮的一方，瓶口敞开，先放进几只蜜蜂，只见

它们一次又一次朝着有光亮的地方飞去，结果只能撞在瓶壁上。蜜蜂发现自己永远也无法从瓶底飞出，只好认命，奄奄一息地停在有光亮的瓶底。威克教授把蜜蜂倒出，仍将瓶子按原来的方向放好，再放进几只苍蝇。没过多久，它们一只不剩地全从瓶口飞了出来。苍蝇为什么能找到出路？原来它们坚持多方尝试，一旦发现此路不通，就会立即改变方向，尝试新的路线，最后终于找到瓶口飞了出来。

苍蝇虽然并不招人喜欢，但我们不得不向它们致敬。因为它们用行动告诉我们一条真理：生活需要尝试创新。

当我们坐在大学校园的长凳上向尝试创新的行为表示敬意的时候，不妨回忆一下自己之前的人生。从我们来到这个世界上，我们有过多少第一次：第一次呼吸、第一次吃饭、第一次走路……那时候的我们，没有想过害怕，也没有来得及害怕，就迫不及待地开始了尝试。可是当我们渐渐长大之后，竟然开始对未知的事物越发地恐惧起来，脚步迈得越来越小，像个装在套子里的人一样，总是固守着自己窄小的空间。其实，一个人是否具备敢于尝试创新的勇气，决定了他能够到达怎样的高度。尝试，是创新的先决条件，是成功的催化剂！

美国歌剧演员贝弗利·西尔斯说："失败了，你可能会失望。但如果不去尝试，那么注定要失败。"我们的大学生活丰富多彩，但是想要真正体会到其中的快乐和激动，也要有敢于尝试的勇气。

尝试源于好奇心的驱使，却因为自信心和勇气才得以继续。我们在开始做一件事情之前，并不知道将要面临的困难有多大，会有多少不可料及的事情发生。因此，如果没有足够的信心和勇气，我们很可能最后会变成浅尝辄止。

大发明家爱迪生有2000多项发明成果，其中不少是改变人类生活的伟大发明。可是当这些发明还仅仅是个构想时，当他一次次遭遇实验的失败时，让他坚持下去的就是他不断创新的勇气。他从小就有一颗好奇心，不论在生活中看到什么现象，都要琢磨一番。他尝试着去发明电灯、留声机、蓄电池等等，结果均获成功。可以说，他的一生都是在不断的尝试创新中度过的。如果他不是具备敢于尝试创新的勇气，不畏困难和挫折，今天我们就不可能看到他那么多项发明成果了。

有这样一个寓言故事：

一个鼠洞里住着许多老鼠，它们原本每天都快乐地生活着。但是自从这家主人最近刚买回来一只大花猫后，它们开始变得非常焦虑了。

这只猫异常凶狠，老鼠们经常看到自己同类的尸体被它拖来拖去，最后被它吃到肚里，满地都是同类的鲜血。这些情景让老鼠们惊恐万分，它们纷纷开始担心自己的命运，它们的情绪已经跌落到了低谷。它们感到生活是那样的无味，极度丧失了对生活的信心。它们开始变得烦躁起来，行动也变得不安了，连做梦都是被那只可恨的大花猫在不断地撕咬着自己的身躯，自己身上的血流了满地，而大花猫的脸上却露出了让人憎恶的狞笑。

这种日子已经使它们的精神状态快要彻底地崩溃了。

老鼠们聚在一起的时候，有的议论纷纷，有的窃窃私语，有的则来回地徘徊，而有的却眼睛直勾勾地看着前方，若有所思地傻站着。

有的说："咱们该搬家了，这鬼地方一天都呆不下去了。"

有的说："我受不了了，我要出去和这只死猫拼了，宁愿被它吃了，也不想再过这样的生活了。"

有的说："不如我们投降吧，兴许这只猫能放我们一马。"

还有的说："我们不能总呆在洞里不出去啊，这样我们会饿死的，不如趁大花猫睡着的时候出去，赌一次，从它身边溜走。"

总之，老鼠们众说纷纭，到最后也没有拿出一个好办法来。

就在这群老鼠们七嘴八舌的时候，却有一只小老鼠一言不发，好像这只大花猫和自己毫无关系似的，悠然自得。

它的举动让大伙儿愤怒了，它们纷纷开始指责起这只小老鼠了。而这只小老鼠却诡秘地一笑，对大伙儿说："反正我每天都吃得饱饱的，我就不怕这只恶猫，我还敢从它身边走过，它还得给我让路，你们信不信？"

小老鼠刚说完这番话，所有的老鼠都嘲笑起它来。

而这只小老鼠却一本正经地说："我看出来了，你们是在怀疑我说的话，对不对？好，我马上就演示给你们看。"

大伙一听小老鼠说这话，心里不约而同地想：它肯定是疯了，要不就是不想活了。

但是，大伙儿全都想看看小老鼠到底有没有这样的勇气。

小老鼠回过头冲着大伙狡黠地一笑，然后大大方方地走出了洞口。老鼠们全都傻眼了，一直以为它是在开玩笑，没想到它是来真的，所以大伙儿全都聚集在洞口，眼睛不错神地瞅着洞外，拭目以待，看看小老鼠的葫芦里到底卖的是什么药。

让老鼠们最不可思议的事儿发生了，它们的的确确看到小老鼠慢条斯理地走到了让它们憎恨而又害怕的大花猫的面前，大花猫却摇着尾巴直向后躲，仿佛是真的很害怕它似的。接着，小老鼠上前用爪子挠了大花猫的尾巴一下，大花猫竟然头也不回地跑了，小老鼠这才得意地回到了洞里。

老鼠们一看小老鼠回来了，便纷纷众星捧月般地围拢过来，让它来教教它们，怎样才能治服这只恶猫？

小老鼠神气地清了清嗓子，说："自从大花猫来了以后，我就一直密切地关注着它的一举一动，我发现了一个问题，就是只要大花猫偷吃了小狗吃剩下的肉，小狗就会追着它满院跑，而且家里的主人还要毒打它一顿。我分析是主人害怕它吃饱了以后不去抓我们了，所以才打它。于是，有天夜里，我趁它熟睡的时候，就去把小狗吃剩下的肉上的油抹得全身都是，花猫闻到了这股肉味，以为是小狗的食物，当然就会害怕了。"

老鼠们听了小老鼠的这番话后，全都伸出了它们的大拇指。

小老鼠通过过人的观察力，超人的智慧和惊人的胆量征服了大花猫，同时也征服了所有的老鼠，还演绎了一出老鼠们想都不敢想的事情。

尝试其实就是开拓。鲁迅先生曾经说过，其实地上本没有路，走的人多了，便成了路。敢于"第一个吃螃蟹的人"，敢于做其他人不敢想、不敢做的事情，才能将当初被认为是异想天开的事情变为现实。

现实生活告诉我们，任何成功都离不开尝试，而且不妨多试几次。因为做事情不可能有绝对的把握，试一试才有成功的机会。尝试好比烧水，水烧到 99 度不算开水，关键是最后 1 度。这最后 1 度就是尝试的 1 度、再坚持的 1 度。毛泽东说过，成功往往在最后的努力之中。所以，要想在大学里脱颖而出，就别担心出错，要有敢于尝试创新的勇气。

寻找非凡的成功者，并与之交谈

"近朱者赤，近墨者黑"。作为一名社会人，我们每个人都会不同程度地受到身边人的影响。大学里，有的学生志向不高，只要得过几次奖励，或者只要毕业后能够找份不错的工作，他们就心满意足了。也有些学生追求不凡的梦想。在他们当中，要么有人梦想成为一名政治家，要么有人梦想创立一家大型公司，要么有人梦想参与世界级的研究活动。作为一名渴望优秀的学生，你应该以后者为榜样，并与之交谈，尽可能地为自己设定更为非凡的成功理念。你所追求的目标越高，在追求的路途中，你就越能取得激动人心的成就，并且你的生活也会变得更充满乐趣。怎样才能提升你个人的成功理念呢？最简单的方法就是寻找非凡的成功者。

什么样的人才是非凡的成功者呢？其实在任何一所学校都不乏这类人。也许是那个成绩优异的数学专业学生，他不仅是罗氏奖学金获得者和国家科学基金会研究奖学金获得者，而且还是参与编撰数学教科书的编者之一；或许是那个斯文的中文系学生，他不仅创作了两部小说，赢得了一大堆文学奖项，如今还严肃认真地创作起他的第一本诗歌集；还可能是那个学生会干部，他不仅刚刚创立了遍及全国的青年辅导项目，而且在假期还参与过全国性的论文研讨会。找到这些人，和他们见面，并与之交谈，请他们谈谈自己的经历，了解他们是如何取得这些辉煌成就的，这成就带来了什么样的感受，以及他们下一步的目标是什么。

这样做的目的就是为了让自己看到成功的可能性。当你与非凡的成功者畅谈之后，相信会相继发生两件事情：第一，你会深受鼓舞。一想到这些学生的简历上硕果累累，你就会寻找自己的差距，去树立新的奋斗目标。第二，详细地了解他们的努力过程后，你就会开始留意生活中的兴趣爱好，最后怎样才可能产生类似的成就。

也许，当你和那位数学奇才交谈后，就会发现其实你也可以利用自己的才智，与教授们共同攻克那备受瞩目的项目；也许，和那位年轻的作家交谈后，你就会大受启发。最终创作完成你那酝酿已久的长篇小说；也许，和那位学生会干部交谈之后，你也会振作精神，进而在学校社团的顶级活动中担当领导的职务。

与非凡的成功者交谈，总是会使自己也变得优秀。因为成功者的优秀品格会通过他自身的影响而四处扩散。

阿瑟·华卡原本只是美国一位农家少年，由于经济条件所限，他没有上过大学，但是他喜欢阅读和学习。

他看到杂志上经常讲一些大实业家的成功故事，他很想知道得更详细些，并希望能够得到他们的忠告。

一天，他终于攒够了去纽约旅行的经费，于是迫不及待地坐上了去纽约的车。到纽约之后，他找了一家旅馆住了下来，决定一个个拜访。

第二天早上7点，华卡就来到威廉·B.亚斯达——杂志上出现频率最多的那个投资家的事务所。在第二间房子里，华卡立刻认出了面前这位体格结实，浓眉大眼的人是谁。高个子的亚斯达一开始并不喜欢华卡，甚至觉得有点讨厌，因为他显得那么鲁莽和稚嫩，然而一听少年问他：“我很想知道，我怎样才能赚得百万美元？”亚斯达的表情变得柔和并微笑起来，他发现这是个急于进步的人。两人谈了一个钟头。随后亚斯达还告诉他该怎样去访问其他实业界的成功人士。

照着亚斯达的指点，华卡遍访了一流的商人、总编辑及银行家。在赚钱这方面，他所得到的忠告并不见得对他有所帮助，但是能与成功者交谈，给了他自信，他开始仿效他们成功的做法。

两年之后，阿瑟·华卡这个当年稚嫩的年轻人，成为他当学徒的那家工厂的所有者。24岁时，他成了一家农业机械厂的总经理，不到五年，他就如愿以偿地成了百万富翁了。

阿瑟·华卡的经历证实了这一点：寻找非凡的成功者，并与之交谈，能改变一个人的机会和命运，使我们变得更加成熟。的确，和什么样的人在一起，会直接决定你的思维。在不同的环境，你将获得不同的机会。失败者只有站在成功者堆里，汲取他们致富的思想，比肩他们成功的状态，养成他们的成功气质，汲取他们的成功经验，才能获得真正的成功。

现实中，有不少人总是乐于与比自己差的人交际。他们这样做的确可以得到自慰。因为，在与他们交际时，能产生优越感。可是从不如自己的人当中，显然是学不到什么的。

事业成功的人，愿意交际比自己优秀的人来不断地刺激自己力争上游。美国的心理学家威廉·孟宁格说过这样一个道理：与非凡的成功者在一起，等于是无形之中为自己树立了一个目标，只要不断地向他们学习，耳濡目染，自己也会向成功者靠拢，学习到成功必备的一些素质。而结交比自己优秀的人，能促使我们更加成熟。我们可以从劣于我们的朋友中得到慰藉，但也必须获得优秀的朋友给我们的刺激，以助我们前进。

不去与比自己优秀的人接触，实在是个极大的错误。与一个能激发我们生命真善美的人交往，其价值要远胜于获名获利的机会。和非凡的人接触，吸取他们的经验教训，弥补自己的智力不足，这样，我们才会不断进步。

寻找非凡的成功者，并与之交谈，不仅是让志向更为远大的最有效的方

式之一，也是让你的生活充满兴奋与激情的好方法。养成和这些人打交道的习惯吧！经常性地与他们接触后，不久你也会成为别人眼中非凡的成功者。

在某方面做到比周围人出色

有这样一个关于成功的寓言故事，一直广泛流传。故事是这样的：

森林里的动物们为了和人类一样得到“全面发展”，于是开办了一所学校。开学典礼的第一天，来了许多动物，有小鸡、小鸭、小鸟，还有小兔、小山羊、小松鼠。学校为它们开设了5门课程：唱歌、跳舞、跑步、爬山和游泳。当老师宣布“今天上跑步课”时，小兔子兴奋地一下在体育场跑了个来回，并自豪地说：“我一定能做好我天生就喜欢做的事！”再看看其他的小动物，有的撅着嘴，有的苦着脸。

放学后，小兔子回到家对妈妈说：“这个学校真棒，我太喜欢了！”第二天一大早，小兔子就蹦蹦跳跳来到学校。老师宣布：今天上游泳课。小鸭子兴奋地一下跳进了水里，而天生怕水，从来不会游泳的小兔子却傻了眼，其他小动物们更是不敢接招。接下来，第三天是唱歌课，第四天是爬山课……以后发生的情况便可以猜到了：学校里每一天安排的课程，小动物们总是有的喜欢有的不喜欢。

这个寓言故事，诠释的是一个通俗的哲理，那就是：“不能让兔子学游泳，让鸭子学跑步。”要成功，就要去做自己擅长的事，比如小兔子就应跑步，小鸭子就该游泳，小松鼠就得爬树。成功心理学的理论告诉我们，判断一个人或者一个企业是不是成功，最主要要看其是否最大限度地发挥出了自己的优势，是否在某一方面做得比周围的人出色。

中国有句古话说：只要功夫深，铁杵磨成针。然而盖洛普（中国）咨询有限公司董事长方晓光的看法却不同。他说，铁杵有铁杵的优势，为什么一定要把它磨成针？这正是许多人都面临的需要突破的一种思维定势。小兔子根本不是学游泳的料，即使再刻苦它也不一定成为游泳健将；相反，如果训练得法，它很容易就会成为跑步冠军。

做到比别人出色，要学会扬长避短，而不是教条地信奉"传统智慧"。任何一个人，如果总是在不遗余力地去纠错补缺来求得完美，其结果却往往并不理想，甚至还会失去原有的优势。事实上，当我们把精力和时间用于弥补缺点时，就无暇顾及增强和发挥优势了。

那些想"多元化"发展的同学们，千万别再让"兔子学游泳"的事在自己身上发生。

如果你想在大学里脱颖而出，你就应该培养一个闪光点。每个人都可能有自己擅长的事情。你应该做的就是发现你的专长，然后不停地练习，直到你做得比你学校里的所有朋友都更为出色。不管是弹吉他、写小说，还是做菜，只要培养出一种专长能让你小有名气就可以了。不过，这可与纯粹的自吹自擂有着本质的区别。人们知道你有所专长并不是因为你不停地向他们吹嘘的结果，而是你的自我认同和自信提高的结果。

为什么做到这点这么重要呢？因为大学是人才聚集的地方，虽然你被抛入了这么一个有限的空间，也仍然还有许多人对你一无所知。在这种情况下，许多学生对自己开始产生了否定的想法，难以保持强烈的自我认同，因此只有通过敬仰和崇拜他人来求得自我价值的凸现。如果这时候你在某一方面做得比周围的人出色，比如受邀参加一个令人瞩目的派对，或参加一场考试并且成绩斐然，或午餐时吸引了餐厅里同学们羡慕的目光，那么就能让你自我感觉良好。但是，如果你每天都只待在宿舍里没有任何活动，或在一场考试中考砸了，或发现那位可爱女孩其实是在向站在你身后的帅哥微笑，那你的自我感觉肯定会变得很糟。于是你的自我感觉就会像一个向下滑动的缆车，每天都因一些无法控制的事而急速地下降着。在这种情绪状态下，你根本不可能做到脱颖而出。

如果你每天都做着人人都会做的事情，并且毫无出色的时候，那你的生活就只能被那些优秀者的光环所压抑，你的心情也就只能一直处于消极的状态中了。

要想在大学里脱颖而出，就要在某一方面做得比周围的人出色。有所专长，你就能脚踏实地、充满自信地突现自我的价值。别让他人控制了你的自我感觉，请努力在某一方面做得比周围的人出色，增强你的自我认同感，然后，去征服属于你的世界！

让艺术之花在你身上盛开

法国作家罗曼·罗兰说："艺术的伟大意义，基本上在于它能显示人的真正感情、内心生活的奥秘和热情的世界。"艺术，其实是人们为了更好地满足自己对主观缺憾的慰藉需求和情感器官的行为需求，而创造出的一种文化现象，也是人们在日常生活中进行娱乐游戏的一种特殊方式，又是人们进行情感交流的一种重要手段。

对艺术，无论是创作还是欣赏，都是一个人内心感情最直接的表露，反映出他对人生的理解与追求，只有艺术的生活才是懂得幸福的生活，人的艺术修养都不是先天的，都是需要在艺术创作或艺术欣赏的实践中，逐步锻炼和培养的。因此，当代大学生，应该多利用闲暇时间，提高个人的艺术修养。

艺术带给人美的享受，相信这一点没有人会否认。一幅"蒙娜丽莎的微笑"让多少人心驰神往，幻想自己的一笑也能那样神秘莫测，令人韵味无穷；倾听莫扎特的小夜曲，让我们多少个夜晚都感到那么的静谧和安详。我们沉醉于《天鹅湖》中白天鹅的优雅；也惊叹于《图兰朵》中图兰多特的高亢唱腔。还有断臂维纳斯，用她残缺而优美的曲线，诠释了另一种美丽。艺术的形式千姿百态，但给我们关于真善美的启迪都是一样的。

艺术可以让人更深刻地体会生活的真谛，催人奋进。艺术来源于生活，但又高于生活。艺术家们将生活中值得挖掘的素材开采出来，然后再加以雕琢、润色，将生活的真谛浓缩成一首歌、一段诗、一幅画、一场舞……让我们如醉如痴！在倾听德拉克罗瓦的《自由引导人民》时，我们看到的是人们对封建统治的仇视和对自由民主的渴望；在倾听贝多芬《命运交响曲》的过程中，我们体会到的是人与命运抗争时的倔强与不屈；在电影《美丽人生》里，我们发现，即使最黑暗的集中营也阻挡不了爱的光芒。艺术家们让我们为那些并不是发生在眼前的苦难而哭泣，为并不是发生在自己身上的不公而愤怒，让我们知道这个世界不是童话故事般完美，但是我们却可以带着笑去抗争。

艺术还可以让人变得智慧，变得优雅而从容。梵高的《星空》中，大片的幽蓝几乎占据了整个画布，却掩饰不了群星的闪烁，它让我们沉静。泰戈尔在《飞鸟集》中写道："静静地听，我的心呀，听那世界的低语，这是它对你求爱的表示呀。"我们徜徉在开满艺术之花的庭院里，既可以像儿童般天真幻想，又可以像老者般凝眉深思。幻想和深思的精髓变成"甘露"，滋润着我们的心灵。

艺术的表现形式更是丰富多样的，音乐、绘画、诗歌、雕塑、电影、电视等都属于艺术的分支。你不需要深入研究所有的艺术，只需让艺术之花在你身上盛开，去用心感受那艺术的魅力，你就足以受益终生。大学生要想培养自己的艺术素养，首先要多读、多听、多看，多接触各种艺术形式和艺术流派。

闲暇时间，我们可以多去博物馆和艺术馆，这有利于我们接触和理解艺术作品。前往艺术馆和博物馆时，不妨听取下面的几个小建议，这会给你带来一些帮助。

1. **提前做好准备**。现在每个艺术馆或博物馆都有官方网站，你可以从中了解该场馆展出时间的安排，有什么优惠项目以及开放时间和注意事项。有不少的艺术馆和博物馆对学生有优惠，带上学生证，就可以省下一笔不小的开支。除此之外，你还可以先搜集一些关于参展艺术品的资料。比如你要去看某个画家的作品展，那你可以先了解该画家的背景，他绘画的特点是什么，这次作品展的主题是什么内容等等。你准备得越充分，就越能深入地理解作品。

2. **携带一个小本子，记录知识点或者感受**。在参观的过程中，你可以边看边学习，将自己感兴趣的内容记录下来，回去整理成观后感。将观后感集合成册，不仅可以帮助你回忆所参观过的展览，还能丰富你的知识，增添你的文采。

3. 带着有共同爱好的朋友一起前去参观，在路上谈谈感想，互通有无。

4. 在参观时保持安静，遵守艺术馆或博物馆的相关规定。比如某些艺术品是不能触碰或者拍照的。

艺术只有在博览的基础上，才有可能辨别真伪优劣，培养出较高的鉴赏能力。并且各种艺术形式之间都存在有机的联系，对各种艺术形式培养起一定的兴趣，会有助于艺术修养的提高，各种艺术流派之间也是有内在联系的，只有广泛通晓各种艺术流派，才可能有比较有鉴别，才可能采各家之精华，培养起高尚的艺术情趣。当你具备了一定的艺术鉴赏能力，培养起高尚的艺术情趣，就有利于你在大学里脱颖而出了！

校外活动，是你通往社会的真实路口

大学所学的知识不是靠做一道题、考一次试就能检验出来的，而是需要一个长时期的检验，在今后很长一段时间里才能慢慢地显现出来。大学校园，是一个知识和智慧的殿堂，在这里，我们可以通过学习知识，培养自己的思想力和创造力；而校外活动，则是一个实践人生的最佳场所，是你通往社会的真实路口，在这里，我们可以充分培养自己的实践力和行动力。用社会实践的姿态，从课堂走向社会，走向成熟。

近来，中国政法大学新闻系的大四学生安安要开始准备找工作了，但是她在写简历的时候觉得没什么可写的。“一直在学校里耗着，三年来我仅仅参加过一个社团，其他什么经历也没有，不知道该写什么。这么单薄的简历，都不好意思给人看，怎么去跟别人竞争？”安安非常后悔大一大二的假期没去实习或参加社会实践，“当时没想那么多，只想玩，浪费了好多时间”。

近年来，越来越多的事件都反映出生活在“象牙塔”中的大学生因为疏于与社会联系，缺少实践，在刚进入社会时就出现了严重的不适应。甚至有不少大学生因为难以承受现实社会的压力，而出现精神和心理问题，选择轻生。

当代大学生经过十多年的读书生涯，几乎都达到了"读万卷书"的知识积累。然而，"行万里路"的实践能力却被不少人忽视而至于匮乏。其实早在清代，钱泳就在《履园丛话》中说过"读万卷书，行万里路"，"读"与"行"二者皆不可偏废。自古以来，人们就很重视读万卷书与行万里路的辩证关系，把"读万卷书，行万里路"作为一种追求。顾炎武说："天下兴亡，匹夫有责。"他主张"出户"，又主张"读书"。他认为若既不"出户"又不"读书"，则是面墙之士。顾炎武把它家乡的书读遍之后，用四匹马驮着书，十谒明陵，遍游华北、西北，访俗问民，最后写成了有名的《日知录》、《肇域志》。他是历史上把"读书"与"出户"关系处理得最恰当的人之一。

再比如，著名的《史记》中，既有司马迁读书得到的东西，又有他亲自考察的材料。社会、大自然是一本无字的大书，眼光敏锐者能发现其中的精彩。

需知"行万里路"，就是要在实践中学习。我们"读万卷书"就好比透过一个窗口看到了知识和能力的金山，但要想真正得到知识和能力这座金山，还要靠走出门去"行万里路"。

潇潇是对外经济贸易大学2003级阿拉伯语专业的学生。下面是她的实践经历：

2004年7月至2005年8月：中日学生会议，中方执行委员会委员，筹备并参与分别于北京、东京举行的三次中日大学生会议；2005年6月至2006年3月：黎巴嫩阿布德拉有限公司北京代表处总代表助理，独立查询联系国内国际客户、协助进行客户谈判以及货运，并完成新员工的招聘培训；2005年10月，国际会展中心机械展翻译；2005年11月，为中兴公司接待埃及文化部副部长并负责其在京文化参观安排；2006年4月—2007年7月：香港《博天》杂志社欧洲分社负责人兼自由撰稿人（休学一年），负责在欧洲多个国家发展合作赠刊机构、通讯联络员以及开展杂志英文法文的代理发行工作。

当我们许多同学看到以上的简历时，相信会有许多疑惑：在大学毕业生面临巨大就业压力的今天，一个大三的在校学生，是如何拥有那一年多的工作经验，而且是担任外资企业驻京代表处总代表助理这样重要的职位呢？她又是如何能被一家香港的杂志聘用为自由撰稿人，并被派驻欧洲一年？其实，潇潇刚进大学时与很多大学生并没有大的不同。喜欢书法和艺术设计的潇潇，刚进大学就选择了参与学生会的工作。2004 年，当学院学生会承接了在北京举行的中日学生会议后，作为院学生会宣传部部长的潇潇有幸成为中方执行委员会的成员到日本交流。她也曾经找过推销、礼仪等工作机会，但为了把有限的时间、精力投入在专业学习和学生会工作当中，她很快便放弃了这些实践。2005 年 6 月，潇潇的大二即将结束，为了有效地结合暑期的学习和实践计划，她决定利用暑期到一个和自己的专业相关的公司工作。学习外贸和阿拉伯语专业的她，首选是阿拉伯外贸公司。在经过多次上门的自我推销被拒后，潇潇终于在一家黎巴嫩外贸公司找到了活。经过几个月收发传真、给客人冲咖啡、红茶的重复劳动，她获得了看货、独立联系国内厂商、收样品、签协议以及招聘的机会。接下来，潇潇渐渐有了自己的客户，为她后来的发展打下了基础。在一家香港杂志社计划向欧洲分社业务开拓而急缺人才时，她成功地抓住了这一次机会。

相信我们每一个大学生对潇潇的实践经历，或多或少都会感到羡慕。从她一步一步走过的过程来看，她对自己的发展目标有着清醒的认识。基于自身的能力和兴趣，并结合其已有的经历，在理想的指引下，潇潇闯出了一条属于自己的阳光大道。虽然像潇潇这样的经历并不容易发生，但是大学期间，我们还是可以通过一定的校外实践活动，寻找通往社会的真实出口。那么，在大学里，我们该如何进行社会实践呢？

1. 多参与社团，充分体会团队协作精神，从头至尾参与并操作一个完整的项目，与更多专业领域的人成为朋友。

2. 参加各类挑战性的比赛，不少比赛直接由企业主办，他们的人力资源部门可能会在比赛中把你锁定，作为他们的储备人才。

3.多参加社会活动，诸如兼职、实习，提前从象牙塔里走出来，参加校外活动，体会一个职业人该有的素质，及早认识到自己还有什么需要弥补。

4.如果有条件甚至可以出国实习，不仅锻炼自己的独立生活能力、英语能力，还能看到真正外企的运作模式。

5.参加一些培训，如语言能力、职业能力、面试技巧的培训班，为自己的未来增添一些自信。

只有在大学期间看得多，尝试得多，未来的选择才会更多。校外活动可以开阔我们的视野，增长我们的知识，帮助我们树立远大的理想；校外活动可以使我们更接近生活，了解生活，融入生活；社会实践可以激发人的情感，丰富人的知识，使我们爱父母和朋友，爱社会，爱国家。陆游说："纸上得来终觉浅，绝知此事要躬行。"向生活学习，向实践学习，参与校外活动，寻找通往社会的真实出口，否则，纵使你满腹经纶，也将被淘汰。

Part 5

大学不仅学知识，还要学做人：人对了，世界就对了

做人永远比做事更重要，一个有才华的人，如果没有学会做人，那他的世界就错了，他的行为也就只能是对人类的伤害，对社会的诋毁。李嘉诚说："做事先做人。"对人生而言，能力、技巧都只是方法和手段，而决定人生成败的却是一个人的品质。因此，大学不仅要学知识，还要学会做人，因为人对了，世界就对了。

别做大学的过客，要做大学的灵魂

经过十年的寒窗苦读和一路的披荆斩棘，我们终于挤过了人生的独木桥，怀揣着父母的希望和他们为我们筹措的学费走进了大学。

我们依依不舍地送走了对我们千叮咛万嘱咐的父母，送走了白天的阵阵喧嚣，第一次躺在自己似曾相识的床位上，想着对未来的憧憬，进入了梦乡……

然而，当我们真的面对大学生活时，我们可能又遇到了新的问题、新的困惑。以前的学习全都是在家长、老师的监督下进行的，尤其是学校生活，全部都是在学校和教师的支配下进行的，自己所有的任务就是学习。而现在除了学习，我们还要学会独立生活，学会处理室友和同学的关系。而对这一切，许多新入校的大学生都十分陌生，以至于常常被新的大学生活弄得无所适从。

一位大一学生说："我到大学已经半年了，虽然整天都是忙忙碌碌的，然而却不知道忙碌些什么，整天都很空虚，像水中的浮萍没有根，不喜欢一个人去上自习，也没有十分用心去听课，就这样不知不觉地过去了半年，挥挥衣袖，没有带走半片云彩……"

也有不少大一同学感觉自己不知道从何时起，便被"郁闷"和"没意思"的感觉包围了。好不容易挤进了大学，却仿佛失去了人生目标。于是大学里同学们便想出了许多发泄"郁闷"等不良情绪的"招数"：

1. **上网聊天玩游戏，通宵达旦。**上网玩游戏、聊天是很多感到空虚、郁闷的同学常用的消遣方式。他们认为上网聊天可以对网友倾吐心声，畅所欲言；而结伴玩游戏则可以在虚拟的世界里自由地驰骋。殊不知，这样一天到晚耗在网络上，不仅影响了自己的学业，还对自己的身体有害无利！

2. **夜夜召开"卧谈会"。**从美国总统到某某同学，天南海北地大聊特聊：说完了美国大选，接着又说起电视剧剧情，你一言我一语，一聊就是半宿。第二天睡到预备铃响，随手擦把脸就往教室里冲。

3. **宿舍里摆起扑克台，通宵打扑克。**通常是四个人围着打牌，却聚合到十多人。围观者甚至比打牌的还要激动，阵阵吆喝声、责备声，不时从宿舍里传出来。这种现象在高校并不罕见，甚至十分常见。

4. 争先恐后谈恋爱。不知从何时起，宿舍里开始比起了哪个哥们没有女朋友，哪个姐们没人追，好似大学里没有男朋友或女朋友，竟成了一件不大光荣的事。这种并非情至深处的恋爱，带来的副作用可想而知。

为什么大学生中有那么多人在虚度光阴，做大学的过客呢？事实上，这是因为许多大学生觉得考上大学就是完成了任务，却全然不知考大学只是人生的一个阶段性任务，并非“人生的终极目标”。在大学里，他们不知道自己为什么活着，浪费着大好的青春年华，只当了一回大学的过客……

湖北黄冈有一位叫小简（化名）的学生，他从小成绩优异，中学时担任过学生干部，人缘好，兴趣广泛。2001 年顺利考入了武汉大学，进入大学之后原本他觉得大学生活应该很精彩，但实际情况让他很失望。除了一些学校硬件设施让他失望之外，最严重的是，突如其来的“管理真空”让小简很不适应，不知道该怎么安排自己的生活。他觉得自己并不属于这个学校。刚开始还常和几个同学相邀一起去上自习，慢慢的大家都单独行动了，让他觉得很没有归属。感觉无事可做的小简就去玩游戏，上网看电影和肥皂剧。2002 年 2 月，因为旷课、旷考次数太多，小简被迫退学。虽然同年他又考上了武汉大学的化学系，但还是因为不能适应大学的生活而被迫退学。2003 年他第三次参加高考，高分进入华中科技大学，但仅由于丢了几辆自行车就自暴自弃，逃进网络游戏寻求安慰，又回到了旷课、旷考的轨道。2005 年一开学，他便又一次接到了退学通知。2006 年，小简再次考入华中科技大学材料学院。面对过去，他的反思十分理性，他承认自己自制力差，但同时也认为学校的教育引导存在一定问题，“如果第一年上大学的时候，有一个人或者一本书能够指引我的方向，我也不会走这么多弯路了。告诉我们如何安排学习、生活和调整自己的精神状态，比我们在大学里像无头苍蝇一样乱撞好多了”。

小简可以说是幸运的，他在几次碰壁之后，终于清醒和进步了，但他也只是不幸中的幸运，他并不清楚自己因此而失去了人生中最宝贵的黄金年华，失去了多少成功和机遇。

有谁能够容忍自己只作为一个过客，任时光白白流逝，而不能实现自己的梦想？有谁能够容忍不忠实于自我，不倾听自己灵魂的声音，而无意识地挥霍青春呢？

相信没有人会说愿意！每个年轻人都有着对未来的无尽憧憬，都有着对实现理想的渴望，只是有的同学在环境突然转变之后，找不到自我了。

其实，我们可以通过设立目标来调整当前的生活，使自己为每一天都做出切实的努力，做大学的灵魂，而不是只做一个过客，白白地浪费自己宝贵的生命。

事实上，我们进入大学之后可以学习的东西还有很多，大学里能让我们充分展示自己的机会也有很多，但这些都需要我们真正融入大学生活，用心体验大学生活，才能有所收获。

诚信的价值观是成功的基本条件

《论语·子路》曰："言必信，行必果。"诚信是金。中华民族五千年，而贯穿其中重要的道德思想便是"仁、义、礼、智、信"。"信"可以说是中国人自古以来一直崇尚的一种行为规范，诚信是为人之根，是处世之本。古代就有"一诺千金""一言既出，驷马难追"的成语，他们甚至把诚信视为生命，正是这样的生活理念才铸就了我中华五千年的文化长城。

信守承诺很简单，因为你只需对自己答应过的事情说到做到；信守承诺又很困难，因为它要求你承诺过的每一件事都需要做到，因为哪怕你做到了99.9%，但就因为那0.1%没有做到，最终结果你也还是失信了。信守承诺其实根本不需要任何技巧。它只要求你管住自己的口和手脚。管住口，做不到的事情不要答应；有可能做到的事情，说清楚成功概率；管住手脚，一旦答应了别人，就立刻采取行动，去兑现承诺。

法国作家巴尔扎克说：“遵守诺言就像保卫你的荣誉一样。”荣誉就是你头顶的王冠，而诚信就是王冠上那颗最灿烂夺目的宝石。为了不让这颗宝石被蒙上灰尘，必须时时警醒，时时自勉。

下面是一位在日本的留学生身上发生的真实故事：

他利用课余时间在一家餐馆勤工俭学。餐馆规定每个盘子必须洗七遍。这位留学生起初按规定都能洗七遍，但洗的数量太少，赚不了太多的钱。后来他找到一个“窍门”，每个盘子只洗五遍。果然，效率大增，工资自然也多了。一起打工的日本学生求教，他爽快地告诉了他们这个秘密。日本学生嘴上答应了，但在行动上却与他疏远了。一次老板抽查盘子，发现了问题，问他原因，他说洗五遍和七遍一样干净。老板淡淡一笑说：“你是一个不诚实的人，请离开。”以后他一连到几家餐馆应聘，都被拒绝。他的房东不久也要求他退房，原因是他的“名声”不好。他的行为还影响了其他留学生找工作。他就读的学校也找他谈话，希望他转到别的学校去，原因是影响了学校的生源。无奈，他只好辗转到另外一座城市，之后他不断地告诫人们：在日本洗盘子，一定要洗七遍。

这位同学由于一次小小的不诚实，付出了昂贵而沉重的代价。他的故事告诫我们，做人务必诚信。

中央电视台曾播出过这样一期节目：

20世纪90年代初，一名叫李强的大学生毕业之后，想创造一番事业。于是他从银行贷了几十万的款，又从朋友那儿借了几十万，筹集了一百万的资金，开了一家超市。然而由于种种原因，几个月后不得不关门，把剩下的东西折价卖了之后，他还是欠下了几十万元的债务。几十万对于一个刚从学校出来的毛头小伙子可是一笔天文数字。面对这天大的窟窿，他想到的不是溜之大吉，而是主动到银行和银行签订了还款计划。在接下来的几年里，他开始了艰难的十年还款历程。他硬是靠打工把银行的贷款还了一半。他的行为感动了银行。银行决定，再给他贷款一百万，并且主动给他找项目，帮助他开了一家公司。有了这十年的经历，更主要的是有了银行的支持和帮助，李强的公司迅速发展起来，在短短的时间内，他不但还清了所有的贷款和借款，还把公司搞得红红火火。用他的话说，只要他需要，银行随时会愿意再贷给他1000万、2000万。

李强的事业取得了成功，但是最成功的应该是他的做人，诚信是他在一生中学得最好的一课。

目前在大学里，学生最主要的诚信危机便是考试作弊。一些同学平时不努力，到考试时不得不做一些小动作。一次，中国科技大学校长朱清时在给学生作报告时，收到一学生递上的字条：朱校长，如果告诉你我们大部分学生都在考试中作弊，你相信吗？朱校长当即回答："我不信！我只相信少数人作过弊。"结果竟引来了学生的哄堂大笑。考试作弊，研究资料造假，论文抄袭，这些失信的行为已经在大大危及大学生日后的生存和发展，而大学生们却还在为自己的小聪明沾沾自喜。这不能不说是大学教育的一种悲哀，不能不说是大学生的一种悲哀！

另外，还有部分靠贷款上大学的学生毕业后有了偿还贷款的能力，却将钱花在个人物品购置上，不愿偿还贷款。这种行为不仅严重影响了银行的贷款循环，也不利于个人信用的建立，甚至会遗害到将来住房贷款和信用卡办理等金融业务，以及公务员考试等工作问题。除了拖欠助学贷款，我们大学生在日常生活中不讲信用的事情也时有发生。近几年甚至还特别生出了一个形容失约的新名词——"放鸽子"。"放鸽子"一两次，或许可以用道歉来平息对方的愤怒。但是久而久之，就会如那个叫"狼来了"的孩子一般，失去所有人对你的信任。

诚信是金，大学生拥有了它，就具备了成功的基础。所以作为大学生，我们要对自己所说的每一句话、所做的每一件事负责任。每个人都应该信守诺言，这是做人最起码的准则。只有做到言而有信，言出必行，才能得到别人的尊重，才能获得别人的信任。

学会负责，永远不要找借口

世界上没有无义务的权利，也没有无权利的义务。一个人从一生下来那一刻起就具备了他的社会属性。他就拥有了两种东西：责任和权利。我们有权利获得生存、生活、受教育和发展等物质条件和其他一切社会条件，同时也获得了为父母、家庭以及社会付出的责任和义务。我们只有让所获得的权利和要承担的责任之间达到平衡，才能保持社会生活的平衡有序。

林肯还在上小学的时候，有一次不慎将邻居家的玻璃打碎了。林肯想给邻居把玻璃重新装上，但是自己却没有钱，于是他想到了父亲。回家向父亲提及此事后，父亲说道："我可以借给你钱去赔偿邻居的玻璃，但是你必须写一个欠条，说明什么时候把钱还给我，可以吗？"林肯点了点头，给父亲立下字据，保证一年以后把父亲的钱还给他。林肯拿到钱后把邻居的玻璃装好。之后，他每天放学只要有闲余的时间就去捡废品，用以换钱，一年以后，林肯如期把钱还给了父亲。

当时的林肯虽然年幼，但是他却用自己的行动诠释了责任的完整含义。进入大学之后的我们已经是成年人了，因此就更要学会对自己该负的责任负责，永远不要找借口推卸责任。

不少同学在大学里依旧依赖父母生活，他们大手大脚惯了，花钱如流水一般，到了没钱时，就张口向父母要，要不到的话还得闹点小脾气。还有些人觉得大学就是为了给父母老师一个交代，平时逃课睡懒觉，到快考试时便临时抱佛脚，复习两三个小时，混个勉强及格的分数。这都是对自己严重不负责任的表现。

每个人都只能拥有一次生命，如果把这次宝贵的主宰自己的权利交给别人，或者丢掷一旁，那你此生注定是个傀儡。要是你感觉青春的激情还在心中跃动，你对人生对理想有着美好的憧憬，那就要学会对自己负责！作为已经成年的大学生，我们除了要对自己负责，也必须对社会负责，应该承担一定的社会责任。

裴春亮出生在太行山区辉县市张村乡裴寨村的一户贫困家庭。幼年时，一家七口住在仅有的三间破房里，冬不挡风，夏不遮雨，生活极其窘迫。才13岁，裴春亮就被迫辍学了，后来他到本村的一个砖厂打工。生活的艰辛使他意识到，“我不能一辈子给人打工，得学一门技术，只有靠技术。才能使自己和家人摆脱贫困”。后来，裴春亮毅然告别了工友，踏上了去安阳技校的求学之路。

裴春亮到安阳上学不久，父亲突然发病，半身瘫痪，不幸早亡。父亲的丧事还是在众乡亲的帮助下才得以操办。从那时起，裴春亮在心中发下了誓言：长大后一定要尽全力报答父老乡亲。

从安阳技校毕业后，裴春亮做过很多工作：他修过电机，照过相，开过五金电料供应门市部，做过给附近企业供应道轨、钢丝绳等大型设备及原材料生意。裴春亮从修理电机电器开始创业，至今他已积累了上亿元资金。成功致富的裴春亮并没有忘记母亲沉甸甸的教诲：“有饭送给饥人，有衣送给寒人。”他开始用自己辛苦赚到的钱回报家乡，2002年以来，裴春亮先后为贫困大学生和公益事业捐助160多万元。2006年他还被选举为村委会主任。为了从根本上改变裴寨村贫穷落后的面貌，使全村父老乡亲都能安居乐业，裴春亮和村干部及全村群众共同制定了裴寨村发展的思路，第一步由他个人投资2000万元建设200套连体式两层楼房，从而彻底改变家乡落后的人居环境。到2008年，一个集200套连体别墅、幼儿园、学校、商业区、工业园区于一体的太行山区新农村初步建成。裴春亮说：“我们的目标是让父老乡亲尽早过上‘幼有所教、老有所养、病有所医、困有所帮’的小康生活。”

裴春亮致富不忘回报社会和无私奉献的先进事迹，引起了社会各界关注，他先后荣获“中国十大杰出青年农民”、“中华慈善事业突出贡献奖”等荣誉称号，并当选为“爱心中国第一届和第二届中华慈善人物”。

裴春亮虽然没有机会上大学，但他却能够以顽强的精神去打造自己的事业，这种精神值得我们学习，尤其是他在致富之后还能够有一份责任感去回报家乡父老，更是值得我们敬佩。

今天，我们既然成功地迈进了大学，那么无论从年龄上，还是从其他方面说，我们都已经具备了为家庭和社会尽责任和义务的能力。责任感是一个人必须具备的素质，当代大学生一定要学会负责，做一个有责任感的人。

坚持走自己的路，你才不会随波逐流

大家不妨先听一个故事：

有一个人骑着驴在路上走，儿子跟在后面，结果路人指责他：儿子那么小，为什么不让儿子骑。于是他让儿子骑上，自己步行。一会儿又有路人指责他：自己那么老了，怎么让儿子骑着。于是他就和儿子一块儿骑上。这时又有人议论了：这爷俩也太不通人情了，难道不怕把驴压垮了？于是爷俩下驴步行赶着驴往前走。这时又有人看着不顺眼了：这爷俩也真是呆子，放着驴不骑。

这个故事简单易懂，但是在生活中我们是否也会遇到过这样的情况呢？而那时我们又是怎么做呢？

有的人很喜欢“关心”别人的长处，更喜欢关心别人的短处。自己整天浑浑噩噩，无所事事，却对别人的任何一点风吹草动都极其关注。你一旦着手从事一件新事物，立即便会招来那些很“闲”的人来议论：就他好出风头，跑去干这些，真是吃饱撑着没事儿干了。而一旦当你没有干好，就更成了他们贬斥你的话题了：哼！真是癞蛤蟆想吃天鹅肉，你也不看看自己什么德行？你什么智商？也敢跟人家比！等等。倘若经过你一番扎扎实实的努力，获得成绩、成果的时候，他们又会立即围过来，大加赞扬：我早就看出你就是块料子，你也太幸运了，以后可别忘了我们这些难兄难弟啊。面对这样的情况，我们便很容易在做事情的时候，时刻在意别人又说了什么，自己这样做会不会惹来非议，如此下去，最终便被别人的议论所左右。于是就有人感叹：要想做一份事业，须拿出三分之二的时间和精力来应付来自于外界的压力！

这种情况是否也在我们大学生身上存在呢？我们平时在做一件事的时候，是否也会听到很多人对自己的议论呢？我们是否最后也真的被别人的议论牵着鼻子走呢？

我们之所以会被别人的议论影响，其实是因为我们缺乏自信，没有理想。一个没有自信的人肯定没有自己的事业。一个没有自己的事业可干的人他会去干什么？他只能受别人一言一词的影响，不断地改变所做的事情，期待能听到所有人的好议论。

有一个年轻人在追求着自己的事业。但刚开始干就立即遭来了他人的非议，耻笑他痴心妄想。这位年轻人十分的难过，就回家问父亲："为什么我好端端地干自己的事儿，却要受到别人的责难？"父亲笑着说："如果你什么事都不做。谁还会注意你呀？！别人对你的责难，恰恰证明了你的成就，证明了他们心里的不平衡，他们只有靠责难别人来宣泄自己心中的不忿情绪。所以从这一点来说，当别人对你的正当行为进行非议的时候，正是别人羡慕你的时候，所以千万不要因别人说葡萄酸就把它吐了，而应该继续吃下去。"

总是喜欢议论他人的人往往都是那些空虚无聊、胸无大志的小人，他们最惧怕的是他人的成就。他们只有靠搬弄是非来满足自己暂时的快感。因此，当我们遇到那些没有一点追求，而对别人的进取说三道四、强加议论的人时，千万不要因为是负面的议论而放弃自己的追求。无论你做什么事，只要是正当的，有利于个人发展，有利于社会的，就应该坚持走自己的路，不要随波逐流。试想一下，别人只有对你说三道四的权利，但是没有主宰你的能力，更管不了你的前途命运，何必去介意那些嘈杂之声呢？马克思说过："我让别人去嘀咕，自己却干自己认为有益的事。我巡视了我的领域中的事。认清了我的目标。"

世界上，只有 20%的人是精英，而 80%的人都是平庸的人。精英会用自己 80%的时间和精力去干自己的事情而取得成绩；而 80%的平庸之人则会把自己 80%的时间和精力用在"斟酌"别人对他的议论上。所以，当代大学生要想有所作为，就必须尽力做好自己的事。做自己时间的主人。给自己制定一个整体计划，然后在这个大目标下给自己制定一个具体到每一年、每个月、每一天的时间表。以后每天的生活就围绕着这个目标去奋斗。并且在这个过程中，任何情况下都千万不要让别人左右了你的时间，不要随波逐流。一个人的时间是一个量变的过程，在别人整天忙于玩耍、闲聊，最后两手空空地要结束大学生活时，你已经在自己的路上作出了一定的成绩。

做人要积极，别把失败看成是终点

唐朝诗人杜牧曾针对西楚霸王项羽乌江自刎作了一首诗——《题乌江亭》。诗中写道："胜败兵家事不期，包羞忍耻是男儿。江东子弟多才俊，卷土重来未可知。"杜牧认为，项羽应当东渡乌江，卷土重来，再与刘邦争夺天下，而不应当把失败看成是终点，自刎了事。

汉高帝五年（公元前 202 年），汉高祖发兵向项羽发动总攻，在垓下把项羽军团团包围。此时，十万楚军已兵疲粮尽，士气低落。夜间又听到汉军在四面唱起了楚歌。项羽大为吃惊，便借酒浇愁，慷慨悲凉地唱道："力拔山兮气盖世，时不利兮骓不驰。骓不驰兮可奈何，虞兮虞兮若奈何？"唱罢飞身上马，带领八百骑兵突围南去。逃至乌江时，乌江亭长停船而待，劝项羽急渡，然后称王于江东，待时再起。项羽此时已无斗志，把失败归于天意，感到无颜见江东父老，于是自刎而死，年仅31岁。

项羽没有选择渡江重整旗鼓，积极应对失败，而是选择了自刎，这样的行为虽算得上是壮烈，体现出他宁肯一死也不愿当失败者的豪情。但是，这也恰恰体现出他的懦弱，体现出他缺乏面对失败的勇气，缺乏从头再来的信心。

对于当代大学生而言，项羽这种决绝的做法不值得学习。一次失败对于20岁上下的大学生来说，没有什么大不了的。因为，年轻是他们最大的资本，未来还有更长的路要走。只要有积极的心态，人生处处都可以东山再起，只要敢于面对失败，敢于"重整河山"，最终就一定还有转败为胜的机会。

心态决定成败。一个人能否取得成功的重要因素是面对失败的态度，是能积极应对、反败为胜，还是就此自暴自弃、一蹶不振。

艾柯卡曾是美国福特与克莱斯勒两大汽车公司的总经理，从21岁到福特公司任职见习工程师开始，他就一直非常努力地工作，他要求自己应把每一件事情都做到完美。功夫不负有心人，经过多年努力之后，艾柯卡成为福特公司的总经理。

然而，命运却跟艾柯卡开了个不小的玩笑，在1978年7月13日，他接到了老板亨利·福特二世开出的辞职信。艾柯卡在事业上可以说是一帆风顺，他从来没想到自己有一天会被炒鱿鱼。一夜之间，艾柯卡如同从云端重重落下，所有人都远远地避开他，就连过去公司的好同事也都抛弃了他。那段时间对艾柯卡来说，是最黑暗的，他承受着生命中最沉重的一次打击。

艾柯卡曾经一度失去了自信，觉得自己这辈子可能要完蛋了，然而一则招聘启事又点燃了他心中未灭的希望火种。他应聘到濒临破产的克莱斯勒公司担任总经理一职。接受新的挑战之后，艾柯卡积极努力，凭借着过人的智慧、胆识和魄力，大刀阔斧地对克莱斯勒企业进行整顿与改革，同时向政府求援、舌战国会议员，取得了巨额贷款。“艰苦的日子一旦来临，你除了做个深呼吸，并且咬紧牙关、继续奋斗之外，实在别无选择”。艾柯卡曾经如此说道。经过一番努力之后，艾柯卡重振了企业的雄风。

1983年7月13日，艾柯卡将一张面额高达8亿多美元的支票亲手交给银行代表。至此，克莱斯勒终于还清了所有的外债。巧合的是，五年前的这一天，正是艾柯卡被亨利·福特二世辞退的日子。

人生就好比一场比赛，没有永远的赢家，也没有永远的输家。年轻人不要过早地对失败下结论，不要在遇到一两次失败就对自己的工作产生怀疑，对生活失去信心。想赢就不能怕输，输得起才能赢得起！大学生应该有宽阔的心境和良好的心态，坦然面对失败，勇敢地从逆境中站起来。就像一位失败者曾说过的那样：“难道有永远的失败吗？不！我宁可一千次跌倒一千零一次爬起来，绝不向失败低一次头。”

有一个刚毕业的大学生，他一心想创业。经过长期的市场分析之后，他已经确定了一个不错的创业项目。但是，他缺少第一笔资金。他打算向一位经济比较富裕的同学的父亲借钱，想说服他投资。于是他连夜写了一份详细的创业计划书，计划书中详细阐述了投资的收益以及成功的可能性。第二天他把创业计划书递给同学的父亲看。对方浏览了一下道：“如果你失败了怎么办？”他一时回答不出来了，只好说：“我的计划已经非常详细和完美了，失败的可能性很小。”对方说：“看来，你还没有做好失败的准备，还没有面对失败的勇气。年轻人不仅要赢得起，更应该输得起。我可不想给一个输不起的人投资啊！”

有些大学生脆弱胆怯，经不住失败的打击，在挫折、噩运面前就不堪一击。其实，失败不过是一个重新开始的机会，让你更明智地开始新的尝试。只要你不放弃心中的希望，保持积极的心态，就会“柳暗花明又一村”。因此，当代大学生在面对失败、挫折时，一定要拒绝“无能为力”的想法，告诉自己“总会找到新的出路”。只有那些具有坚强意志，正确看待失败，不把失败看成终点的人，才会取得最后的成功。在人生的路上我们经常被失败绊倒，只要不被失败吓晕了头，不失去希望，继续奋斗，才能成为最后的赢家。

年轻时，要能为别人的成功而喝彩

2001 年 8 月，在北京举行的“第 21 届世界大学生运动会”开幕式上，当法国体育代表团走到主席台前时，人们意外地发现，法国运动员高高举起了一幅横幅，上面用中文写着一行字：“法国代表团祝贺北京申办 2008 年奥运会成功。”我们知道，巴黎申办奥运会败给了北京，但法国人仍能大度地为中国人的成功而喝彩，这让全场观众都对他们的大度报以热烈的掌声。

为别人喝彩是一种智慧和美德，更是自身修养的体现。

年轻气盛的大学生往往争强好胜，只允许自己胜利，看不得别人成功。无论是在工作还是在生活中总是对别人的成功嫉恨不已。当同事的业绩比他突出时，他就会横挑鼻子竖挑眼，怎么看都觉得人家不顺眼；当朋友的薪水比他高时，他也会感到愤愤不平；当看到曾经的老同学如今已经是个优秀的企业家，而自己却还在经历着创业的失败时，心中的那团妒火就面临着井喷的危险……这样的例子比比皆是。确实，很多人都会出现这样的情况，在自己成功和辉煌的时刻是无比的高兴，而看到别人成功时，却只是一味地产生妒忌。对于年轻气盛又不服输的大学生来说，为自己喝彩容易，为别人喝彩难。但是，正因为它难以做到，才弥足珍贵。

其实，懂得在他人成功时为其喝彩，体现出的是一种智慧——你在欣赏他人的时候，也在不断提升和完善着自己的人格；懂得在他人成功时为其喝彩，体现的是一种美德——你付出的赞美，非但不会贬损你的体面和尊严，相反还会让你在不经意间收获友谊和合作；懂得在他人成功时为其喝彩，体现的是一种修养——赏识他人的过程，本身就矫正着你的狭隘，克服着你的自私。因而，年轻的大学生要积极调整心态，学会为别人的成功喝彩。

拳王阿里就是那种不但技艺超群而且善于为他人喝彩的人，他以自己迷人的人格魅力赢得了世人的尊重和景仰，留下了一段佳话。

阿里是20世纪拳坛诞生的最伟大的英雄之一，他的出现超越了拳击、体育，成为一个时代的偶像。阿里在20多年的拳击生涯中，一共22次获得“拳王”称号，并获得过一枚奥运会金牌。

在1971年一次激烈的拳王争霸赛上，阿里挑战拳王弗雷泽。比赛从一开始就进入到了白热化状态，两人斗得难分难解。这样的情况一直持续到了第七个回合，两人处于僵持阶段。这时阿里逐渐摸清了弗雷泽的情况：他的左手显然比右手更具灵活性和杀伤力。阿里忽然大声喊道：“傻瓜，用左手！”弗雷泽如梦初醒，在以后的回合里面一记记漂亮的左摆拳将阿里连续击倒两次。最终弗雷泽赢得了这场胜利，夺得了拳王金腰带。

这时，阿里走过来和他紧紧拥抱，共享胜利的喜悦。弗雷泽被阿里的大将风度深深折服。

阿里虽然失败了，但他为别人喝彩的精彩片段给人们留下了更深的美好印象！人们对他的宽宏大度敬佩不已。

伟大的人物都具有宽宏的气度，他们从不为别人超越自己而产生嫉妒之心。相反，他们能够真诚地为对方喝彩。和阿里一样，篮球巨星“飞人”乔丹也是一位拥有宽广心胸的伟大人物。

多年前的一场NBA比赛中，队中的一位新秀皮蓬获得33分，超过乔丹3

分而成为公牛队中比赛得分首位超过乔丹的球员。虽然皮蓬的分数超过了自己，但是乔丹却真诚地为他喝彩。比赛结束后，乔丹和皮蓬紧紧拥抱着，两人都不禁眼眶湿润了。

当年在公牛队，皮蓬逐渐成长为一代新秀，球技日渐成熟，水平直逼乔丹。乔丹面对这个强大的后起之秀，不但没有把他当作自己潜在的敌人加以排挤，反而处处对皮蓬加以鼓励、赞扬。

有一次，在比赛休息的空隙，乔丹微笑着对皮蓬说："你投3分球比我有天赋，你的动作规范、自然，你比我有前途。我扣篮多用右手，习惯用左手帮一下，而你左右都行。将来，你一定会成为一名优秀的篮球运动员。"皮蓬被乔丹的无私深深地感动了。从那以后，皮蓬和乔丹就成了最要好的朋友，后来皮蓬也成长为"真正的篮球巨星"。乔丹这种无私的品质为公牛队注入了难以击破的凝聚力，从而使公牛队创造了一个又一个神话。

乔丹不仅以他的球艺，更以他无私的广阔胸襟赢得了所有人的拥护和尊重。

巴尔塔沙·葛拉西安在《智慧书》中写道："一个人总能在某一处胜过别人，而在这一处上又总会有更强的人胜过他。学会欣赏每个人会让你受益无穷。智者尊重每个人，因为他知道各有其长，也明白万事不易。"的确如此，任何人都不可能处处当第一，也不可能永远都是胜利者。所以，年轻人请不要吝惜你的掌声和赞美，要能为别人的成功而喝彩，因为每一个成功者都值得别人的尊敬。

当代大学生，如果不能及时调整心态，容不得别人的成功，这种小肚鸡肠的心理最终只会害人害己。当代大学生要认识到：为别人的成功喝彩，是提高和完善自己的过程，是矫正狭隘自私和妒忌心理的良方，这有助于培养宽宏大度的精神以及良好的心态。懂得为别人的成功喝彩，才能让自己的人生更加精彩。

摆脱嫉妒的禁锢，让心灵享受自由

许多大学生都不善于调节自己的心态，他们一旦陷入嫉妒的枷锁之中，就会让心灵失去自由，让自己跌进痛苦的世界中无法走脱出来。正如巴尔扎克所说："嫉妒者受到的痛苦比任何人遭受的痛苦更大，他自己的不幸和别人的幸福都使他痛苦万分。嫉妒心强的人，往往以恨人开始，以害己而告终。"孙膑和庞涓的故事就是一个非常典型的例子。

战国时期，孙膑和庞涓都拜世外奇人鬼谷子先生为师，学习兵法。同窗时期，两人结下了深厚的情谊，并结拜为兄弟，孙膑为兄，庞涓为弟。

有一年，当听到魏国国君愿以优厚的待遇招求天下贤才到魏国做将相时，庞涓再也按捺不住了，他决定下山，谋求富贵。庞涓到了魏国之后，很快受到了魏王的赏识。而孙膑则认为自己学业还不够精熟，于是留在山中跟随先生继续学习。孙膑原来就比庞涓学得扎实，加上先生见他为人诚挚正派，又把本不预备传人的《兵法十三篇》细细地让他学习、领会。于是，孙膑的才能更远远超过庞涓了。

有一天，一位魏国大臣带着丰厚的礼品，代表魏王恭敬地迎请孙膑下山。在老师鬼谷子的鼓励下，孙膑随魏国使臣下山了。

孙膑到了魏国，先去看望了庞涓，并住在他的府里。庞涓表面上很欢迎，但心里很是不安。庞涓在得知自己下山后，孙膑在先生的教诲下，学问才能比以前更高出许多，心中十分嫉妒，唯恐孙膑抢夺他一人独尊独霸的位置。于是庞涓下定决心一定要除掉孙膑，他模仿孙膑笔迹写了一封思念家乡、急于离开魏国的家书呈给魏王，以栽赃孙膑，魏王看后非常愤怒，命人砍掉孙膑的双脚，并在他的脸上刺上犯罪的标志。

受刑之后，庞涓假意收留了孙膑，实际上却是在监禁他。孙膑在得知真相后，开始装疯，将已抄录给庞涓的兵法全部烧毁。暗中监视孙膑的庞涓在试探一段时间后，并没有发现任何破绽，于是信以为真。

孙膑装疯终于产生了作用，他暗中加紧了寻找逃离虎口的机会。一天，他听说齐国有一个使臣来到大梁，便偷偷前去拜访。齐国的使臣听了孙膑的叙述，从谈吐中认定他是一个很了不起的人才，对他十分钦佩，于是答应帮他逃走。就这样，孙膑便藏身于齐国使臣的车子里，秘密地回到了齐国。孙膑回国后，很快见到了齐国的大将田忌。田忌十分赏识孙膑的才干，便将他留在府中，以接待上宾的礼节殷勤加以款待。齐威王也非常赏识孙膑的才华，把他作为老师看待。

此后，庞涓更视孙膑为眼中钉，无时无刻不想置孙膑于死地。然而，庞涓的实力始终不能胜过孙膑，在“围魏救赵”之战中，他受到了孙膑的重创。但是孙膑并没有杀他，而是将他训导一番就放了。后来，庞涓在马陵道之战中中了孙膑设下的埋伏，万箭之下，他无路可逃，自杀身亡。

如今，有很多大学生同庞涓一样“妒人之能，幸人之失”，容不得别人比自己优秀。当别人取得一些成绩时，他们的心理便会失去平衡，总会千方百计地给那些优于自己的人制造种种麻烦和障碍：不是打小报告，无中生有，唯恐天下不乱；就是像扩音器一样，把一件小小的事情弄得尽人皆知。嫉妒心重的人不仅会破坏人际关系的和谐，还会严重影响自己事业的发展和生活的安定、幸福。

然而，每个人的心中都或多或少有一些嫉妒的成分。有关专家研究表明，嫉妒之心从一个人很小的时候就开始有了。比如一个幼儿，当妈妈放下他去抱别的孩子时，他就会哭闹，或者很快跑过去，把那个孩子推开，这其实就是一种天性的嫉妒。虽然嫉妒是人的天性，但是我们仍然要尽力调整自己的心态，努力摆脱它的禁锢。

在大千世界中，由于个人的机遇与能力不同，人难免会有不同的成绩，或飞黄腾达、意气风发；或穷困潦倒、默默无闻。当面对比自己优秀的人时，我们应该摆脱嫉妒的禁锢，让心灵享受自由，学会欣赏他们的成功，以他们为榜样，积极地取长补短，努力提高自己。

1950 年诺贝尔文学奖获得者伯特兰·罗素在他的《快乐哲学》一书中谈到嫉妒时说："嫉妒尽管是一种罪恶，它的作用尽管可怕，但并非完全是一个恶魔。它的一部分是一种英雄式的痛苦的表现，人们在黑夜里盲目地摸索，也许走向一个更好的归宿，也许只是走向死亡与毁灭。要摆脱这种绝望，寻找康庄大道，文明人必须像他已经扩展了他的大脑一样，扩展他的心胸。他必须学会超越自我，在超越自我的过程中，学得像宇宙万物那样逍遥自在。"

也许，嫉妒有时候的确能给人一些积极的影响，但是嫉妒本身却是一件非常不好的东西。嫉妒不仅是人际关系的腐蚀剂，还会使嫉妒者自己身心疲惫。嫉妒别人，实际上也是在折磨自己。培根说："嫉妒这恶魔总是在暗暗地、悄悄地毁掉人间的好东西。"作为一名受到高等教育的大学生，一定不能让年轻的心灵深陷嫉妒的沼泽，要用摆脱嫉妒的禁锢，用平和、宽容的心态对待别人的成功，并且用积极的心态完善自己的不足。我们要相信，每个人都有自己的长处和短处，只要用"嫉妒"为动力，努力挖掘自己的长处，弥补自己的短处，就能消除与他人之间的距离，甚至超越他人。

把自省当成人生的长久课题

大学生要使自己成为有益于人民和社会的人，就要强调自省的精神。孔子在《论语·里仁》里说："见贤思齐焉，见不贤而内自省也。"意思是说，看到别人的优点，就要设法使自己也具有同样的优点，看到别人的缺点，就要反思自己，看自己是否也存在类似的缺点。《论语·学而》里收录了曾子说的："吾日三省吾身。"这句话同样是要求我们经常反思自己，并从反思中获取前进的力量。

懂得自省的人才能真正跟上时代的步伐。当今时代迅猛发展，我们每个人都不可能永远不犯错误，因此，及时自省往往是纠正自身错误、实现快速转型的关键所在。同样，在快节奏的信息社会中，一个人如果不能及时察觉自身缺点，不能用最快的速度纠正自己的发展方向，也必然会在学业和事业中落伍，最终难逃失败的结局。

对于大学校园里的莘莘学子而言，是否具备自省的态度非常重要。许多大学毕业生刚进入公司，就痛苦地发现自己在大学期间所学的知识已经过时了。在信息时代里，一个只知道埋头苦读，而不知道在不断的自省中掌握最有效学习方法的学生，是无法获得社会的认同的。

面对激烈的竞争，面对瞬息万变的市场环境，唯有懂得自省的人才能不断成长。如果经常反省：自己是怎样的一个人？哪些东西对自己最为重要？自己能否把每一件事做得更好？这样的心路历程将会成为一个人在成长过程中审视自己的价值观、质疑自己的思路和锻炼自己判断力的最好方法。经过了这种方法的考验，一个人会变得更强大、更自信，他的人生目标也会更加明确。从某种意义上说，有过深刻自省经验的人是在潜移默化中让自己的身心接受了一次智慧与道德的洗礼——在一系列类似的洗礼之后，他已经发生了脱胎换骨的变化，这种变化可以驱使他用更加坚定的步伐走向成功，也可以为他带来更多的幸福与快乐。

一个人如果懂得自省，那么他会更容易赢得他人的信任；反之，不懂得自省、不知道承认错误的人既无法得到他人的谅解，也无法让自己真正融入到团队之中。

校园里，我们大学生常常会面临人际关系方面的问题。试想，如果我们在处理人际关系时，遇到总是自认为所作所为都是正确的，自己永不犯错的人，我们会不会轻易相信他呢？我们会结交这样的朋友吗？当这种人犯了一次错误却始终拿不出反省的诚意时，我们还能相信他今后不会再犯错误吗？

我们应该把自省当成人生的长久课题，在不断的反思中重新认识自己，寻求进步的动力。我们培养自省的态度和勇气，可以从以下四个方面着手：

1. **勇于承认错误，主动接受批评**。做到自省，首先就要勇于认错、主动接受批评和自我批评。这种态度也可以说是谦逊的化身。中国传统文化向来鼓励人们谦逊、礼让。在与自省相关的诸多因素中，谦逊极为重要，没有谦逊的态度就不能诚恳地接受批评意见，就无法通过认真的反省提高自己。当然，谦逊并不代表碌碌无为，也不代表自卑和自闭，谦逊是要我们在批评和自我批评的氛围中认真反省自身缺陷，以便改进自己、追求卓越。所以，最好的做法是将谦逊与积极这两种看似矛盾的态度完美地结合在一起，既不自负自傲，也不过分谦卑。

每个人都会发生错误或存在缺点，但这些只要我们认真反省就能够避免再犯同样的错误。其实，现实中之所以有很多人拒绝反省，就是因为他们害怕别人因此而看清自己。但无论从哪个角度上说，这种想法都不过是在自欺欺人。一个人所犯的错误首先会被别人看到，而且在别人眼中，问题会显得更加客观和透彻。在这种情况下，坚持己见只会给人留下不自觉、太清高、太爱面子的糟糕印象，这不但有损自己的声誉，也会伤害那些原本打算善意劝谏的朋友。为了小小的面子问题而不愿意承认错误、不愿改进自己，是一种愚蠢的做法。

2. **不断追求进步，“足够好还不够”**。自省的最终目的是得到自我提升，是追求进步。所以，自满是自省的最大敌人。如果凡是认为“足够好就够了”，那么，这样的人不但不会懂得自省的价值，也不会拥有任何继续前进的动力，优秀和卓越也会离他而去。

因此，大家应时刻抱着“足够好还不够”的心态，凡事都要先问一问自己“怎么样才能做得更好”，只有这样，才能把自省的态度转换成前进的动力，在成功的道路上不断提升自己。

3. **听取他人的意见，接受“良师”指点**。虚心听取他人意见是自省和进步的先决条件。不能虚心接受别人的批评，不能从中吸取对自己有益的东西，就不能取得更大的进步。

固执己见只能让自己走入死胡同，大学生除了要虚心接受别人的批评意见以外，还应该努力寻找一位你特别尊敬的、能够及时指出你的缺陷和不足、指引你继续前行的“良师”。这样一位良师除了可以在学识上教导你、在你要犯错误的时候点醒你之外，还可以在为人处世的原则、看问题的眼光和应对突发事件的技能等方面对你有所指点。

4. **事后认真反省，努力改变自己**。我们应该及时对自己所做的事情进行评估和反思，列举需要改进和提高的问题，以便制定出一个切实的、可执行的改进计划，让自己在有效的执行中完成自省和提高的全过程。

自省作为人生一项长久的课题，需要我们从大学时代就开始培养时刻自省的好习惯。其实，培养自省的习惯不如想象的那么困难。你可以采用一个简单易行的方法：

拿出一个本子，在每个月的第一天，总结一下你在上个月的成功之处与失败之处，然后，用客观的态度反思一下你出现问题的根本原因——是自视太高，还是没有执行的毅力？是目标太困难，还是你的习惯或态度需要调整？把这些原因写下来，再写下你的改进计划。可以请你的朋友、良师一起帮你写，因为他们可以更客观地指出你的问题所在。每个月结束后，自己评估自己执行计划的情况，然后请朋友、良师检查你是否兑现了自己的承诺。如此坚持下去，你会逐渐养成约束自己、勤于自省的好习惯。

坚韧：耐心能把冷板凳坐热

村庄里有一大片桃花心木。种桃花心木的人种下树苗后，总是不定期来浇水，有时三天，有时五天，有时十几天来一次，浇水的量也不一定，有时多，有时少。

有人感到很奇怪，便询问原由。

他笑着说："种树不同于种菜，几星期就可成熟。要想种出百年的树，只有让树学会在土地里找水源，我浇水只是模仿下雨。下雨是算不准的。所以，树苗只有在这种不确定中，拼命扎根，找到水源才能长成百年大树。"

"如果我每天都来浇水，每天都定时浇一定的量，树苗就会养成依赖的心，根就会浮生在地表上，无法深入地底，一旦我停止浇水，树苗就会枯萎。即使存活的树苗，一遇狂风暴雨，也是一吹就倒。"

是啊，树不能活得太滋润，否则将无法成材。而人也是如此。在逆境中生活的人，比较经得起生命的考验。因为在逆境中，我们会养成独立自主的心，不会依赖外界的条件。在逆境中，我们深化了对环境的感受与情感的觉知。在逆境中，我们学会把很少的养分转化为巨大的能量，努力生长。

反观一些大学生，每天过得浑浑噩噩，过着像寄生虫一样的生活，却不知现在不学会经受逆境的考验，未来就只能将寄生虫的生活进行到底，绝不可能有所作为。要知道，生命的法则不可能那么固定、那么完美，因为固定和完美的法则，就会养成机械式的状态，而机械的状态正是通向枯萎、死亡之路。大学生需要逆境的考验，因为我们不可能在父母的羽翼下生活一辈子。孟子曰："故天将降大任于斯人也，必先苦其心志，劳其筋骨，饿其体肤，空乏其身，行拂乱其所为，所以动心忍性，曾益其所不能。"可见要想成就一番"大任"的过程中需要经历许多艰难与不易。

然而，有时候面对这样的磨难，除了坚定和坚忍以外，再也没有任何办法可通过。但是最可怕的是在这节骨眼上选择放弃。

能够达到理想的目标，无疑是大多数大学生都梦寐以求的，但是真正到达成功巅峰的人总是为数不多。为什么呢？其中一个很重要的原因就在于：我们中大多数人没有坚韧、耐心地向自己的目标挺进。成功者与失败者的最大区别就在于意志力，成功者能用顽强的意志战胜困难，而失败者总是被困难所战胜。

现实与目标之间有一段很长的距离，而实现目标之路从来不是一条坦途，因此要达成目标并非易事，它需要我们付出艰辛的劳作，而更需要有坚强的意志来约束自己。它就像一根强韧的绳子，将自己的特长，还有自己的光阴紧紧捆绑在一起，向着一个目标前进，防止不必要的浪费，让生命的价值得到最完美的体现。托尔斯泰说："当有困难来访的时候，有些人跟着一飞冲天，也有些人因之倒地不起。"坚韧是生命的脊梁，支撑起那些不惧艰难困苦的人"一飞冲天"，他们相信："只要有决心，失败永远不会把我击垮。"

其实逆境并不可怕，相反，它是最好的老师。我们要勇敢地面对壮烈的雄风，让它锤炼出我们坚实的胸膛。在面对逆境时，我们要自强不息，在顺境中我们更要抓住时间，充实自己，让自己具备迎接挑战的武器。中国古代有著名的悬梁刺股的故事，几千年来一直激励着中国人奋斗不息。《战国策》中记载：苏秦年幼胸有大志，勤奋好学。晚上秉烛夜读，昏昏欲睡，他就用锥子扎自己的大腿，身体的刺痛，让他顿时神志清醒，于是继续潜心读书。汉朝的孙敬，他勤奋苦读，晨夕不休。睡思昏沉时，他就以绳系发，悬于屋梁，一打瞌睡，头发就被绳子猛然一扯，精神立刻振作。他们两位就是靠着自己坚韧不拔的精神，在历史上留下了响亮的名字。

唯有坚韧不拔的决心才能战胜任何困难，而做事三心二意、缺乏韧性和毅力的人必然导致彻底的失败。在现实中最需要的人才，正是那些意志坚定、工作起来全力以赴、有奋斗进取精神的人。不难发现，在单位里，有些人虽然天资一般、也没有受过高深教育，但他们也能成为最优秀的员工，那是因为他们拥有全力以赴的做事态度和永远进取的工作精神。这些人靠坚强的意志力克服一切困难，不论所经历的时间有多长，付出的代价有多大，坚韧不拔的决心和令人赞叹的耐心终能帮助他们成功。

某公司一位中层干部，他的工作曾经很受老总的赏识，但后来不知怎么了，突然被老总“冷冻”了起来。他不知道自己到底做错了什么。整整一年，老总没正视过他，也不给他分配重要的工作。但是，他仍然一如既往地辛勤工作。就这样过了一年，老总终于又重用了他，并且还给他加了薪。同事们都很佩服他的坚定和耐心，说他把冷板凳坐热了。

娃哈哈集团董事长宗庆后曾经说过：“当你坐上冷板凳时，那就坐下去好了，有什么可怕的？只要你有耐心，就可以把它坐热。”

在坚韧面前，任何机智与技巧都会黯然失色。诚然，机智和技巧可以使你一时地离开困境，但是并不能保证以后你陷入同样的困境时仍然能全身而退。相反地，坚定和忍耐却让你坚守阵地，与困难战斗到底。有了坚韧的品格，不但这一次的问题迎刃而解，也不再惧怕以后遇到的恶劣情况，更重要的

是也为自己赢得良好的声誉。

正处于青年初期的大学生们，是要有耐心，增长自己的能力，为毕业后成就自己做好准备的时候，此时更应该注意培养自己坚韧的品质，培养自己把冷板凳坐热的耐心。

宽容：心有多大，舞台就有多大

俗话说：宰相肚里能撑船。宽容是一个人成功所必须具备的素质。在成长过程中，在日常学习和生活中，我们难免会遇到来自周围人群的议论、讥笑，甚至人身攻击，时常会遇到和同学、室友发生小摩擦和不愉快。包括以后到了社会上，进入工作岗位，都不可能避免这些情况的发生。假如遇到了这种情况，我们是要死死地记住那些不愉快的事情，还是用一颗宽容的心去包容它，让不愉快的事情都随风而去呢？

很久以前，有一个青年背着一个大包裹千里迢迢地跑来找灵智大师，他说："大师，我是那样孤独、痛苦和寂寞，长期的跋涉使我疲惫到极点。我的鞋子磨破了，荆棘割破双脚；手也受伤了，流血不止；嗓子因为长久的呼喊而嘶哑……为什么我还不能找到心中的阳光？"

听完年轻人的讲述后，灵智大师问："你的大包裹里装的是什么？"

青年说："这个包袱对我而言非常重要，里面装满了我每一次被伤害后的怨恨，每一次被误解时的气愤，每一次被指责后的烦恼……我时刻提醒自己要记得包袱里的东西，以后好加倍地还给那些伤害我的人。靠了它，我才有勇气走到您这里来。"

灵智大师没有继续说什么，而是带着青年来到河边，他们坐船过了河。上岸后，大师说："你扛着船赶路吧！"

青年很惊讶："船这么沉，我怎么能扛得动呢？"

"是的，孩子，你扛不动它。"大师微微一笑，说："过河时，船是有用的。但是过了河，我们就要放下船赶路。否则，它会变成我们的包袱。放下背上的包袱吧，孩子，生命不能负重太多，宽容别人才能释放自己。否则就算你看遍天下美景，你也不会知道的！”

青年觉得大师的话很有道理，于是他放下包袱，继续赶路。他发现自己的步伐轻松很多，心情也愉悦很多，他已经找到心中的阳光了。

如果你对愤怒、埋怨、气恼，甚至仇恨须臾不忘，它们就会成为你生命中的包袱。受过高等教育的大学生更应该认识到这一点。我们其实可以轻轻松松地度过每一天，只要我们有一颗宽容的心。任何一个人在生活中都可能遇到周围人群对自己的褒贬，会和他们发生争执和摩擦，关键是用一种宽容的心态去看待它们，处置它们。

我们要用发展的观点去对待生活。每一个人都想成就自己的事业，而你要想成就事业，你就不能去计较身边的小事。忍一时风平浪静，退一步海阔天高。心有多大，舞台就有多大！韩信曾经受过一个屠夫的胯下之辱，然而几十年后，屠夫还是那个屠夫，而昔日的胯下之夫却成了一代名将。

古希腊神话中有一位力大无比的英雄叫海格利斯。有一天，他走在坎坷不平的山路上，发现路上有个口袋似的东西在那里碍事，便踢了它一脚，想把它踢开。谁知那东西不但没有被踢开，反而膨胀起来。海格利斯非常生气，便又狠狠地踢了一脚，想把它踢破。而它不但没有破，却加倍膨胀起来。海格利斯恼羞成怒，随手拾起一根粗大的木棒，使劲砸它。它竟然膨胀得更大，大得把整个道路都堵死了。这时，山中走出一位圣人对他说：朋友，快别动它，别生气，离开它吧。它叫仇恨袋，你不惹它，它就不会膨胀，你越是惹它踢它，它就会无休止地膨胀，最后会挡住你前进的道路，与你对抗到底。

仇恨和宽容的力量一样无比巨大，但仇恨只会让两个人之间的距离越来越远，而宽容则能产生强大的凝聚力量和感染力，使人愿意团结在你的周围。

宽容就如一泓清泉一般，它可以瞬间浇灭嫉妒、焦虑之火，还可以化冲突为祥和，化干戈为玉帛。

东汉时候的刘宽，向来以宽厚著称。在任河南南阳太守的时候，有一天他坐着牛车到城郊游览，遇到一个失了牛的农民。这个农民所失去的牛，恰好与刘宽的牛一模一样。农民一见，就向太守要牛。刘宽也不分辨，就把牛让给了农民，步行回衙。不久这个农民找到了自己的牛，立即把刘宽的牛送还，并向刘宽叩头道谢，要求处罚。刘宽说："天下物有相似，事有错误，既然你把牛送来了，怎么好再罚你呢！"

宽容是一种高尚的品德，别人不经意冲撞了你，其实他的内心也会感到不安，倘若你此时能以宽厚之心待人，就会使彼此具有更多的信任和爱戴。宽容还是一种深厚的涵养，它是一种善待生活、善待别人的境界，它能陶冶人的情操，给人的心灵带去宁静和恬淡的感觉，它不但可以改善自己与社会的关系，也可以使自己的心灵得到慰藉与升华。

大学生要学会包容、宽容、理解他人。世界上真正十恶不赦的人不多，真正品德坏的人也不多，很多情况下都是特定情况下的误解。所以当别人做了伤害自己的事，我们可以先考虑一下，对方是否是故意为之？或者是一时的疏忽造成的？还是由于自己冒犯了别人才引起别人对自己的不敬？

责难别人不但不会改变事实，反而会招致愤恨。反之，如果我们每个人都能有一颗宽容的心，遇到事情后不是用责怪的方式，而是在第一时间去了解别人，设身处地去想——他们为什么要这样对自己说和做，会比责怪有益得多。

树立人脉管理理念：让你认识的每一个人都能为你的人生助力

戴尔·卡耐基说:“在影响一个人成功的诸多因素中,人际关系的重要性要远远超过他的专业知识。”

的确,独木难成林,没有朋友,没有好的人脉的人很难成功。然而,人脉不会凭空而来,需要用心去搭建、打造。大学里的同窗之情比其他任何形式的感情更深厚,也更真诚。所以,在大学里就要树立起人脉管理理念,让你认识的每一个人都能成为你的人生助力。

拓展人脉圈，认识更多优秀的人

在竞争激烈的现代社会，我们每个人都知道“人脉”的重要。美国心理学家R.凯利和J.卡普兰曾经做过一项研究，说明了良好的交友能力的重要性。所有参加该实验的人员都是智商很高的工程师和科学家，但他们之中有的人出类拔萃、成就卓越，而有的人却碌碌无为。造成这一差异的重要原因则在于那些获得成就的人注重并善于交友，拥有自己庞大的交际网，他们可以随时从各方面、各渠道获得自己需要的信息或资料；而那些平庸的人则交往面很小，只有在万般无奈时才会打电话找出路。人脉的重要性，由此可见一斑。

扬州大学就业指导中心杨桂元主任说过一个非常生动的比喻：“对于大学生而言，专业知识仿佛是刀剑，而人脉则是秘密武器。”如果只有专业知识，没有较好的人脉辅助自己，个人竞争力就是“一分耕耘，一分收获”。但是如果加上好人脉，个人竞争力将是“一分耕耘，数倍收获”。独木难成舟，没有朋友，没有好的人脉的人很难成功。

而法国作家罗曼·罗兰对于人脉的重要意义则说得更富诗意：“有了朋友，生命才显示出它全部的价值。智慧、友爱，这是照亮我们黑夜的唯一光亮。”我们都渴望能拥有良好的“人脉”，让自己在社会生活中如鱼得水。然而，人脉并不可能凭空而起，它需要我们用心去搭建，去打造。大学里获得的朋友往往是你未来社会生活的“人脉”的支架，以及事业起步与发展的助力。

如完美时空公司的成功就是一个很好的例子。它是一家市值超过10亿美元的公司，如今已经在美国纳斯达克上市。公司的技术与业务骨干及所有董事均为清华校友，这是清华校友创业成功的典型。赛富亚洲投资基金合伙人羊东后来投资他们，据说部分原因就是因为这个共同的清华色彩。

我们都知道，这个世界上没有完美的人，每个人都拥有一个独特的自我。而很广的人脉既可以让大学生增长见识，又可以为自己积累人生经验。

大学生虽然都已经是成年人，但从高中升入大学首次离开父母，生活、学习和工作都需要自己单独面对。这就难免会遇到各种各样的困难，心理上产生种种困惑。而扩大自己的校园人脉，可以多些朋友，让自己多些倾诉的对象。但是对待别人必须学会宽容，看到别人缺点的同时看到优点。这样可以扩大自己的校园人脉，有利于解除自己的心理障碍，更好地处理人际关系。

然而，大学里的同学大多来自不同的地域，不同的教育背景和环境熏陶出不同的性格气质，甚至不同的道德品质，导致大学校园里因交友不慎而出现不良后果的例子屡屡发生。因此，在大学里，在拓展人脉圈的时候，需谨慎选择值得结交的朋友。

首先，大学里的朋友应该是全方位的。范围广能让你遇到更多值得结交的优秀的人。

其次，在大学里结交朋友，需要看清人的本质。大学生多处在心智成长并逐渐成熟的关键阶段，思维观念、行为方式最容易受到身边人的影响。一旦交友不慎，不但会近墨者黑，还可能与之同流合污。所以，交友必须建立在较为全面、深入了解的基础上，以免上当受骗。

最后，还应把握好择友的标准。择友的过程中不用过分追求完美，但一定要看清他的本质、主流方面的表现。一个人只要大节无亏，至于具体性格则不必苛求。尤其对于一些性格不同，兴趣有异，在一些方面有所不足的人，也可以适当地接触了解，这样既可以使你加深对各种各样的人的了解，培养与之交往的能力，又可以弥补自己的一些不足。

同学圈，一定要有几个密友

当同学们在执着于拓展人脉圈时，往往会因一味地“求广”（尽可能扩大交友圈），而忽略了“求深”（加深同学之间的友谊）。一些同学手机里面存储的电话号码随着时间的推移总是翻倍地增长：一开始是学长和同班同学的手机号，随着对大学生活的越来越熟悉，记下了每一个认识的人的电话号码，然后可能会只是隔一段时间发个问候短信联系一下。可是，长时间相处后发现，自己跟同学之间的关系还是那么平平淡淡。不要说交心了，就连坐下来轻轻松松地聊天都没有机会。上课、下课，在食堂吃饭，走在校园里，举办社团活动，熟悉的面孔越来越多，可说的都是些客套话。认识的人多了之后，还常出现叫错名字，或是只觉得面孔很熟却叫不上名字的尴尬事。苦心经营的人脉，但是却感情淡薄，当想找一个朋友聊聊心事时，却发现自己竟是那个“最孤单的人”！何其悲哀！

人生，需要有几个密友相伴。下面向你讲述一个拥有密友的幸福之人的故事。

这个故事发生在公元前四世纪的意大利。有一个绰号叫“皮斯阿司”的年轻人冒犯了国王，被判在某个法定的日子里执行绞刑。皮斯阿司是个孝子，他非常希望能在临死之前与远在百里之外的母亲见最后一面，向母亲表达不能侍奉其终老的歉意。虽然国王感念他的孝顺，愿意让他见自己的母亲一面，但是却提出了一个条件——那就是他必须找到一个人来替他坐牢。

试想，有谁愿意冒着被杀头的危险替别人坐牢呢？大家都认为这是个不可能实现的条件。然而皮斯阿司的朋友达蒙却是一个信任朋友，对朋友不离不弃的人。他愿意在皮斯阿司回家看望母亲的这段时间替他坐牢。达蒙住进牢房以后，皮斯阿司回家与母亲诀别。然而光阴似水，眼看就要到行刑的时期了，皮斯阿司却还没有回来的迹象。人们一时间议论纷纷，都说达蒙上了皮斯阿司的当。当达蒙被押赴刑场时，知道这件事的人都在笑他愚蠢。但坐在刑车上的达蒙不但毫无惧色，反而还有一种慷慨赴死的豪情。就在即将行刑的千钧一发之际，皮斯阿司飞奔而来，他高喊着：我回来了！我回来了！现场所有的人都被这一幕深深地感动了。这个消息很快便传到了国王的耳中。国王十分诧异，决定亲自赶赴刑场一探究竟。最后，国王敬佩于皮斯阿司的诚信，亲口赦免了他的罪行。

也可能有人会说，想有一个如故事中达蒙这般刎颈之交的密友实在是太难了。然而，佛教律宗的经典《四分律》卷四十一上说：“难与能与，难做能做，难忍能忍，秘事相与，不相发露，遭苦不舍，贫贱不轻。有此七法，名为亲友。”可见，并不一定只有刎颈之交、生死与共的朋友才能称得上是真正亲密无间的朋友。相互信赖，不被流言所干扰；听到有人诽谤自己的朋友，就会千方百计地站在朋友的一方替他辩护，直到大家明白那是真相的“亲友”，也是我们所说的密友。

亲密的友谊是任何事物都无法替代的。俄国伟大的诗人普希金在一首诗中说过：“不论是多情的诗句，漂亮的文章，还是闲暇的快乐，什么都不能代替无比亲密的友谊。”

1844 年，马克思在巴黎期间，恩格斯拜访了他。两人在一起生活了十天，倾心交谈，他们对一切重大问题的看法几乎完全一致。后来，他们在政治风浪中团结战斗，在科学研究中相互切磋，在人生坎坷的道路上彼此激励，共同奋战了 40 个春秋。他们各自都为自己有志同道合的战友而自豪。

恩格斯说：“马克思是和我相交 40 年的最好、最亲密的朋友，他给我的教益是无法用语言表达的。”马克思说：“我们之间的友谊是何等的珍贵！”恩格斯为了使马克思能安心撰写《资本论》，心甘情愿做出牺牲，从事自己最不愿干的“该死的生意”，用挣来的钱负担马克思一家的生活。

1848 年革命失败后，马克思住在伦敦，恩格斯住在曼彻斯特，他们两人虽然不能“一起生活，一起工作，一起欢笑”，但却保持着密切的书信联系。他们几乎天天都要通信，只要一方回信稍慢一点，另一方就会感到不安。有一次，恩格斯隔了几天没有写信，马克思就写信风趣地问他：“亲爱的恩格斯！你在哭泣还是在欢笑？你睡着了还是醒着？”可以说，没有恩格斯，马克思就不可能写出《资本论》。

人需要密友，这是一种天性。我们从孩童时候开始，就有想要与人亲近、被了解、被关爱的欲望。身在异乡求学的大学生们更是如此。远离家人，在大学环境下的相对的孤独感会让我们渴望拥有值得信赖的朋友，相互倾吐，自在地说出自己的想法与恐惧，并相互支持。

大学时，常是一个人对未来最迷茫最混沌的时候，此时，相互的陪伴，相互的抚慰，会变得永世难忘。我们说，大学里的友谊，比小学来得有选择，比中学来的有情趣，比职场中来的有诚意。大学正是一个心灵最开放的时期，人们对友谊的渴望尤为炙热。因此，此时相交的密友，会是你在这个世界上，除了血缘关系的亲人之外，唯一能够与你志同道合、同甘共苦的人。当你大学毕业走上工作岗位时，这份友谊就会是你人生最宝贵的财富，就是你工作和事业取之不尽，用之不竭的宝藏。

与你的教授成为好朋友

"教授懒得管我们，我们也懒得让他管。"坐在学校体育馆新铺的木地板上，大一学生小何一边玩着篮球一边笑嘻嘻地说。进校两个多月了，小何只在上课时见过教授，而且没有跟他面对面说过一句话，"他长什么模样我还没记住，走在校园里，我可能都认不出他"。

已经大学毕业几年的小云提及与教授的关系时，不屑地说："师生关系根本就不存在！你现在还叫得上大学里那些教授的名字吗？反正我叫不出来，那些教授也肯定叫不出我的名字。"

许多人在没进大学之前，给大学里的教授赋予了神圣的光环，并把他们与社会地位、修养、博学、清高等词汇联系在一起。然而进了大学以后，时间一长，当他们发现自己甚至可以完全不与教授产生交集的时候（你不找他，他就不会找你），就会觉得与他们的关系变得可有可无。其实不然，"师者，传道授业解惑也！"大学教授与中学老师不同，他们除了要承担教学任务，还要面临科研的压力，在授课之余，还要伏案辛劳，不断地充实自己、丰富自己，积极地探索学科发展的前沿。有的教授在教学科研之外，还要担任行政职务，经常出席各种大小会议，处理学校、院系之间的相关事务。所以不可能还像中学老师一样，把所有的时间精力都放在辅导学生身上，跟在身后如影随形似的督促和照料。大学里的教授不会填鸭式的一遍又一遍地重复每一课的关键内容，而是花更多的时间给学生讲授技巧和方法，讲授为人处世的道理。

此时，如果能和教授成为好朋友，那无疑会对学习和生活两方面都产生巨大助益。孔子说过："敬人者，人恒敬之。"因此作为学生，首先要做到尊敬师长。与教授交朋友尤其如此。大学教授虽然有着丰富的学识，但也和普通人一样有着喜怒哀乐。尊敬师长，能让他们以良好的心理情绪对待你。反之，在教授面前大言不惭，为所欲为的学生，教授连拿出好的态度和情绪来教导都难以做到，更不用说做朋友了。

教授一般很少会主动与你沟通，因此要和他交朋友，就要主动地与之沟通。大学教授大多比较忙碌，学生想要登门拜访，也需事先约好时间，看教授是否有时间。

大学里，教授不仅可以作为你的授业恩师，也可以作为你生活上的启迪者。在生活上有什么感悟，在为人处世上有什么困惑，也可以和教授谈谈。用真诚的心与之交流，让他更好地了解你。要知道，情感的交流是相互的，你跟教授诉说，教授也会跟你诉说自己的生活。在相互沟通中，师生之间的关系就得到了提升，你也就与教授成为了好朋友。

和教授交友，虽说是师长，但是也还是需要遵循一定的交友原则，要用心经营，付出关心。过节的时候，别忘了送上一句贴心的问候；有喜事时，别忘了送上几句真诚的祝福；有困难时，别忘了主动询问是否需要帮助……所有和同学朋友之间喜欢做的事情，在与教授的交往中也同样适用。

鲁迅无疑是中国近代以来最伟大的思想家、文学家之一。他是一个貌不惊人、衣着随便的老者，一个希望能够呐喊一声唤醒沉睡的中国人的斗士，一个把自己的心捧出来扎成火把照亮青年迷茫旅程的长者。而他的伟大，都与"他的照相至今还挂在我北京寓居的东墙上"的藤野先生有关。当我们一千次一万次地享用鲁迅的思想成果，增添道德力量的时候，总能想起他的老师日本仙台的藤野先生那高大而温暖的身影。而他们之间的师生友谊至今仍为人们所传诵。

作为年轻的大学生，如果有幸在大学里和几位非常优秀的教授结交，可以说是人生的一大幸事。与大师们交流就如同经历了一次思想的洗礼，一次人格的升华，一次心灵的飞翔。人生若有精神上的导师，是非常幸福的一件事，他们可以说是我们精神上的指航灯，在他们的指引下，我们逐步走出人生的困惑，看到精彩的未来。

分享是最先要学会的人脉技巧

大学校园是一种开放式的形态，人与人之间的交往更为方便，因而对人脉的拓展尤为有利。而分享是一种最好的拓展人脉的方式，你分享的越多，你得到的就越多。因此，无论是成果，还是经验，都要学会与人分享。只有懂得并乐于与人分享，才能充分得到人们的尊重和认可，才能得到更多的朋友。

有一个寓言叫做《天堂与地狱》，说有人在和上帝讨论天堂与地狱的问题。上帝说："走吧，我带你看看什么是地狱！"于是上帝带他来到一个房间。一群人正围着一大锅汤，但每个人看上去都是一脸饿相，瘦骨伶仃。他们每个人手里都有一只可以够到锅的汤勺，但汤勺的柄比他们的手臂还长，自己没法把汤送进嘴里，有肉汤却喝不了。只好望"汤"兴叹，无可奈何。

随后，上帝说："来吧，我让你看看什么是天堂！"上帝又把这个人领到另一个房间。这里的一切没有什么两样：一锅汤，一群人，一样的长柄汤勺，但大家都身宽体胖，正在快乐地享受着肉汤。这个人看到这番快乐的景象，心中若有所悟。

故事就此戛然而止，而寓言的魅力却给了我们无尽的想象。"肉汤"无一例外地摆在每一个人的面前，为什么有人"喝"到了，有人却只能望"汤"兴叹。上帝无法安排天堂和地狱，但上帝却告诉了我们什么是"天堂"，什么是"地狱”。实际上我们每个人手里都有一把“长柄的汤勺”。关键在于，我们如何借此喝到“锅里的肉汤”。

如果说“锅里的肉汤”是生活中那些让我们开心，给我们满足感和幸福感的人和事物，那么我们究竟要过天堂一般的生活，还是始终让自己处于地狱的焦虑中，就看我们是愿意与人分享，还是私藏起来了。如果世界上的每个人都可以把自己的幸福与人分享，那这个世界将会被幸福充溢；如果每个人都习惯“敝帚自珍”，那么我们看到的只有阴沉的脸和嫉妒的心。

20多年前，一个在美国长大的犹太裔青年到以色列访问，教堂神父给他讲述了一件在二战期间发生的往事。一个冬天，德国纳粹将犹太人驱赶在一起，用火车运往欧洲某地的集中营。火车必须经过漫长一夜才能到达目的地，欧洲冬季的深夜是那样的寒冷——而纳粹每六个人中只让一个人领到一条毯子御寒。但是那些犹太人却没有人争吵，没有人抢夺，因为，幸运分到毯子的那个人总会平静地将毯子铺开，和周围其他五人分享，分享这难得的温暖。

不只是快乐，其实痛苦也一定要跟别人分享。因为如果你把痛苦压在心里，就像一座还没有爆发的活火山一样，早晚有一天会爆发，一旦爆发，力量就是毁灭性的，它可能会把你自己摧毁，也可能把别人摧毁。1980年，美国的圣海伦斯火山的爆发就是一个例子。

圣海伦斯火山有100多年没有爆发了，当所有的人都认为它不会爆发时，它却一夜之间爆发了，把周围几十英里的土地全部摧毁得一干二净，几个人一起才能抱拢的大树在一秒钟之内全部被烧毁。但若是到了夏威夷，你就会敢于站在火山口看岩浆源源不断地流出来。因为你知道，有岩浆源源不断地流出来，它就不可能爆发。同样道理，当你心中有压抑和痛苦的时候，你需要朋友和你一起分享。当你和别人分享的时候，你就会发现你的心灵是平静的，而人的心灵的平静是一切幸福和快乐的根本保证。

懂得与人分享，其实是一种豁达、睿智的高境界；分享快乐和喜悦，可以增进友情，同时提升自我的幸福感；分享成果和经验，可以激励人生，同时也给予与之分享的人奋发的精神动力。可见，懂得分享其作用是非同小可！

大学本身是一个小社会，是青少年进入社会之前最好的一个演练人际交往的机会。在大学，拥有良好的人脉，将会给今后的职业生涯发展产生深远的影响。但是获得人脉需要掌握一定的技巧，而分享就是最先需要学会的。分享其实很简单。

你可以跟同学、老师和好友分享物质，有好吃的东西、有趣的娱乐项目、值得一看的书、值得观察的电影、印象深刻的音乐，都可以推荐、分享。不要因为害怕在成绩上被别的同学赶超，而吝啬借出你的复习资料。大家好才是真的好，一个优秀的群体更容易争取到机会。

你也可以跟同学分享精神上的东西。分享是一种神奇的东西，它不仅能使快乐增大，使悲伤减小，更能让你获得友谊。人类很在意自己的隐私，因此当你愿意与对方分享你的喜怒哀乐时，对方就会感到他对你而言是特别的，就是这种特别会让对方愿意与你交朋友。有人说，分享是一道简单的公式，只要你解开了，便得到了成功的喜悦。分享是一座天平，你给予他人多少，他人便回报你多少。相反，如果你是一个自私的人，那么你就永远也不会得到真正的快乐，永远交不到知心的朋友！

分享需要豁达的心胸、坦诚的态度，当然，分享同样需要智慧和策略。虚伪奸诈者不会分享，对利益的攫取使他鼠目寸光；谨小慎微者不懂得分享，对世界的疑惧湮没了他的好奇；狂妄自负者不屑于分享，愚妄的优越感蒙蔽了他的双眼……而人类的孤独感也来源于不能分享：有的源自于不愿和别人分享，只能独自咀嚼痛苦；有的人的孤独则是因为没有人能够分享，如梵高，海子，乃至金庸笔下的独孤求败，他们的孤独则是一种跨越时空的天才式的孤独，“前不见古人，后不见来者”……

分享还是一种交往的礼仪，是一种健康的心态；分享是一种关爱的情怀，是一种奉献的精神；分享是一种生活的艺术，是一种生存的智慧。分享可以带来群体的欢乐，可以融洽关系，增进感情。大学生要想在校园中与他人相处得愉快，成功拓展人脉，就需要掌握分享的技巧。

赞美是一块磁石，能将他人牢牢吸到你身边

许多大学生不知道如何结交朋友，不知道如何让自己更有人缘，他们总是羡慕那些非常有魅力的人，他觉得跟这些人在一起，心情就很愉快，可以听到很多有趣的事情，学到很多有趣的东西。其实，很多时候，我们并不用去羡慕别人，我们自己也可以做到——只要我们学会了赞美！赞美是一块磁石，它能将他人牢牢吸到你身边！

古人云："好话一句三冬暖，恶语一句六月寒。"好话即是赞美的话。赞美是一种美德，它不需要付出很多的代价和力气，却能给人一种支持和力量。它可以让人鼓起勇气，克服困难，建立自信心。

曾经有个年轻人被判终身监禁，他失去了活下去的勇气。在准备结束自己的生命之前，他回想了活在这世上的二十多个年头，家人、亲戚、同学、老师，有谁曾对自己说过一句赞许的、鼓励的、温暖的话。这时他想，"只要能搜索到一句，我就要为了这一句话而活下去，从头再来。"最后，他终于想起了半句，那是中学里一个美术老师说的。当他将一幅恶作剧的涂鸦作品交上去时，老师说："你画了些什么？色彩倒还漂亮。"

这半句赞美的话成了年轻人搜索过去世界的一个落点，有了这个落点，他活了下来，并成为一个作家。

可见，哪怕是半句赞美，也能让人一生难忘，甚至成为生存下去的勇气。每个人都喜欢赞美，因为这是一种精神享受；人人都喜欢赞美，因为我们都把尊重和荣誉看成是自己的第二生命。一句赞美的话胜过一剂良药，不仅能给对方带来好运，而且可以使自己心情舒畅。

赞美不是虚伪的奉承，不是夸大其词的吹捧，赞美也不是一味地宽容。好的赞美会让人充满乐趣，回味无穷，不恰当和反面的赞美反而会给人带来

不快与难堪，令人产生反感厌恶的情绪，从而失去了赞美的本意和效果。在日常生活中，有些大学生喜欢吹毛求疵，对同学、朋友，总是谈瑕疵的多，说优点的少。殊不知，赞美是极具效率的人脉语言，我们身边的每个人，当然也包括我们自己，都希望受到周围人的赞美。虽然我们都处于一个极小的天地里，但却仍认为自己是小天地中的重要人物。对于肉麻的奉承，我们会感到恶心，然而又渴望得到对方由衷的赞美。赞美是人际交往的润滑剂。在与同学的交往中，有时候几句简单赞美的话，比如"你今天气色很好！"，"你的眼睛真漂亮！""这件裙子对你再适合不过了！"等等，就能为你赢得好人缘。

其实，许多成功者都是使用"赞美"的高手。例如，拿破仑为了激发和培养士兵的荣誉感，他给每一位立过功的士兵都加官晋爵，而且还会在全军进行通报宣传。通过这些赞美和变相赞美，去激励士兵勇敢地战斗。

美国"钢铁大王"卡耐基，在1921年付出一百万美元的高年薪聘请了一位行长夏布。许多记者采访卡耐基时问："为什么是他？"卡耐基说："因为他最会赞美别人，这也是他最值钱的本事。"甚至，卡耐基为自己写的墓志铭是这样的：这里躺着一个人，他懂得如何让比他聪明的人更开心。

因此说，赞美是人际交往的需要。然而，大学生由于人生阅历不够丰富，往往在赞美别人时，不会审时度势，不能掌握一定的赞美技巧，结果虽然赞美是真诚的，有时也会弄巧成拙，引起他人的反感。只有掌握如下赞美的技巧，才能形成融洽的交际氛围。

1. **真诚**。如果想让你的赞美产生作用，你就必须真诚。当你赞美别人时，让赞美真诚的一种非常有效的方法就是看着对方的眼睛。当你用眼睛和心灵与对方交流时，你会流露自己的真实感情。

2. **具体**。赞美时内容越具体越好。好的赞美不是要你单纯的说对方很棒，而是告诉他们，什么事情使你说他们很棒。你具体的赞美之词，不光能让赞美变得更有力，而且还会使被赞美的人重复产生这种被赞美的行为。比如你可以告诉他，他的谈话中有很多鼓舞人的观点，或者你和他在一起感到非常愉快。总之，尽量具体和清晰地让他们明白你很欣赏他们正在做的事情和拥有的个人品质，最重要的是这些对你和你的生活产生的积极影响。

3. **无私**。要想使一个赞美有效，它就必须无私。如果你赞美别人是有目的的，或是只想获得回报，那就不是赞美。赞美需要由心而发，不掺杂质，只是因为你想这样做，因为这就是你原本的意思。如果你意识到自己想通过赞美来获得什么报酬或者有不可告人的动机，你就不是真心的赞美。

4. **适时得体**。所谓出门看天气，进门看脸色。赞美别人也同样需要见机行事、适可而止，真正做到"美酒饮到微醉后，好花看到半开时"。当别人计划要做一件有意义的事时，你的赞扬能激励他下决心做出成绩；他做这件事的过程中，你的赞扬有益于让他再接再厉；事情结束时，你的赞扬则可以肯定成绩，指出进一步的努力方向，从而达到"赞扬一个，激励一批"的效果。

5. **因人而异**。赞美也要因人而异，每个人的素质有高低之分，年龄有长幼之别，也有男女之异。因人而异的赞美，会比一般化的赞美收到更好的效果。比如年轻人多希望别人称赞他的才华和开拓精神，因而你不妨用稍微夸张的语气赞扬他，并举出几点实例证明他的确能够前程似锦。

6. **多赞美那些需要赞美的人**。值得一提的是，赞美人要特别注意对象。在现实生活中，尤其是同学之间，最需要赞美的往往不是那些早已名声斐然的人，而是那些因被人忽视而自卑感很强的人。他们平时很难听一声赞美的话语，一旦被人当众真诚地赞美，便有可能振作精神，大展宏图。因此，最有实效的赞美不是"锦上添花"，而是"雪中送炭"。

不管是普通的人，还是伟大的人，都希望听到别人的赞美。赞美并不一定用那些固定的词语，有时，投以赞许的目光，伸出拇指做一个夸奖的手势，送一个鼓励的微笑，也能收到意想不到的效果。

在学习生活中，我们应该尽量发现他人的优点，善于赞美鼓励别人，不要吝啬你的溢美之词，现在就开始学会赞美吧，你会发现，你的好朋友越来越多了。

君子相交，不计名利

在目前的社会氛围中，功利思想十分严重。许多人渴望一朝高官得中，渴望一夜暴富，渴望一鸣惊人。在很多时候，人们的思想行为都被社会巨大的功利之手操纵着。而我们很多学生也是被巨大的功利之手推进了大学。于是，许多人希望能尽快获得成果，以平衡自己的心理。他们甚至把交友视为改变命运的一种手段，宣称“亲近权威是步好棋”，或是“结交权贵能改变命运”。于是就形成了“贫居闹市无人问，富在深山有远亲”的功利现象。其实人们在争先恐后攀高结贵的同时，却忽视了人生一个重要的道理：不掺杂任何名利因素的友谊才是真正的财富。唐代大诗人李白曾如此感慨：“人生贵相知，何必金与钱。”

在湖北汉阳口，古楚之地，今遗留下一个叫“断琴口”的地方。俞伯牙与钟子期的故事千百年来一直在流传，人谓知己者难寻，一把古琴，一曲佳音，高山流水遇知音，只是良辰苦短，遥遥相惦却归然无期，不免空留遗憾，但却正是君子之交的珍贵！后人为他们修葺了琴堂，斯人作别两千余年，只是留下思古之幽所。

所谓君子之交，不是淡漠的情愫，而是毫无利己的欲求。真正的朋友，是相互尊重，却不相互吹捧；往来频繁，但不过分亲昵；往来不多，仍心心相印的。也就是说：交友应该是注重真挚感情的，注重心灵的默契和呼应，志同道合，而并不注重表面上的亲近和热闹。

那些没有真感情，不讲道义的假朋友，虽然表面看上去亲密无间，相互吹捧，夸海口时言辞凿凿，然而一旦贫贱、富贵发生变化，或相互之间有了利害冲突，立马就翻脸不认人，甚至在朋友有难时不仅不帮忙，反而落井下石，将其置之死地。

近代知名学者王国维以博闻强记、智力过人而被人称道。由于他在甲骨文研究上卓有成绩，得到了罗振玉的赏识，于是两人结为朋友，后来又成了儿女亲家。王国维家境贫寒，罗振玉经常在经济上接济王国维，但他的目的却是把王国维当作赚钱的机器。罗振玉因为家境殷实，于是大量收进甲骨，由王国维来考释，然而发表文章时却都用罗振玉的名字。最后，由于经济上有勒逼，使得王国维这样一位不可多得的才子正值壮年，便投湖自尽了。

而同一时期的另一著名人物鲁迅，虽然和王国维有着大体相似的经历，都是弃医从文，但由于交友的审慎，结果却大有不同。

鲁迅早年拜资产阶级革命家、著名学者章太炎为师，后来又与教育家蔡元培结下了深厚的友谊。学者、作家如许寿堂等都和鲁迅相交甚笃。此外，鲁迅还以师长、也以朋友身份和许多左联革命青年结交，如瞿秋白、冯雪峰等，对鲁迅影响甚大，对其成长为共产主义战士起了不可忽视的作用。

鲁迅和瞿秋白两人在文化战线上的合作堪称亲密无间，他们合作翻译并介绍了马列主义文艺理论和苏联文学作品。瞿秋白编写了《鲁迅杂感选集》，在序言中对鲁迅的评价甚高。在生死存亡的最危急关头，鲁迅冒险让瞿秋白在自己家中躲避。瞿秋白牺牲后，鲁迅怀着悲痛的心情，在病中把朋友的遗言编成《海上述林》出版。鲁迅在前言引用的对联中所说的“知己”，即指包括瞿秋白在内的共产党人，他为有这样的“知己”而感到满足。

纵观鲁迅的一生，他的身边既有严谨的学者，也有资产阶级革命家；既有文学青年，也有无产阶级的先锋战士。鲁迅的成长，除了主观上的原因，也得益于这些良师益友。郭沫若曾深刻地指出：“王国维之所以戛然止步，甚至牺牲，主要的也就是朋友害了他。而鲁迅之所以始终前进，一直在时代的前头，却是得到了朋友的帮助。”

的确，君子相交，不计名利的友谊才是万古长青的，是能经得起任何考验的。与品质高洁的人交朋友，结下的真挚友谊是事业的推进剂。

相对于社会，校园还称得上是一片“净土”，因此校园人脉有其特殊性，较为真实、单纯。大学生在维护校园人脉时，应该淡化功利心态，不应该过分计较回报。如果有着“有出有进”的想法，抱着对方必须回报自己的功利心态，就无法感受到幸福的，甚至连已有的人脉也不能很好地维持下去。所以说真正的好人脉需要真诚去维系，大学生应该主动积极地帮助别人，努力地淡化功利心态。

古人云，以财而交，财尽交绝；以权而交，权落交疏；以色而交，华落交尽。平等是友谊的天平，真诚是交往的要义，奉献是交往的真谛。只要我们在交往中多一些“君子之交”，我们的社会就能变得更加和谐美好。

要做大先做小，能低调才能高就

东汉时有个年轻人叫陈蕃，他说自己胸怀大志，要干一番大事，因此，不愿做平凡的小事。他住的屋子里布满了灰尘，庭院里杂草丛生，垃圾遍地。朋友见了，问他为什么不打扫一下。他不屑一顾地说：“大丈夫处世应当‘扫’天下，怎么能只扫一个屋子呢？”朋友听了，反问道：“你连一个屋子都不肯打扫，又怎能‘扫’天下呢？”陈蕃听了羞愧地低下了头。从此，他从小事做起，脚踏实地，后来成就了一番大事业。

我们每一个人的手头上都会有很多小事情要做，而常常这些就是未来大事业的开始。尽小者大，慎微者著。天下大事当大处着眼，小处着手。不会做小事的人，肯定也做不成大事。因此只要你尽心尽力地做好了一件件平凡的小事，并为之付出，大事自然也就能手到擒来了。

还有个关于上海地铁的例子。上海地铁一号线是德国人设计的，二号线是我们中国自己设计的。从表面看来，两条地铁几乎没有什么差别。但是投入运营后，却出现了二号线亏损，一号线赢利的现状。仔细一比较，才发现原来是因为我们对几个小事情忽略了：

1. **进出站口的三级台阶**。一号线每一个室外进出口都比地面高，有三级台阶。下雨时可以阻挡雨水倒灌，从而减轻地铁防洪压力；而二号线没有这三级台阶，一下雨就要防洪，浪费了大量人力物力。

2. **进出站口的一个转弯**。一号线每一个室外进出口都设有一个转弯，这大大减少了站台和外面的热量交换，从而减轻了空调压力，节省了电费；而二号线从外面到里面都是直的通道，没有转弯，热量直接进入地铁，导致电费居高不下。

3. **站台外的装饰线**。一号线在安全距离处用黑色大理石嵌了一道边，里外地砖颜色不同，给乘客较强的心理暗示。乘客总能很自觉地站在安全线以外；而二号线的地砖颜色都一样，乘客稍不注意就会过于靠近轨道，很不安全，公司不得不安排专人在站口提醒乘客注意安全。

4. **站台宽度**。一号线站台比较宽，上下车比较方便。二号线站台较窄，一到客流高峰时就会拥挤不堪，也使乘客在车厢里看不清楚外面的站牌，特别容易坐过站。结果不得不用不同的颜色重新装饰站台的柱子，方便乘客辨认。代价是损失了在柱子上的广告收入。

虽然这四点都是很小的事情，但对最终的结果却产生了很大的影响。

由此可见，要做大就要先做小！不少人认为，小事做不出“名堂”，往往不乐意或不积极去做。其实做好小事不仅反映一个人的态度，更反映一个人的责任心。我们大学生在拓展人脉时也是同样的道理。如果不能从小事、细节入手，就很难引起他人的认同，自然也就不利于拓展人脉了。

做事要先从小事入手，做人也自然要低调方可。能低调的人才能高就。做人不可锋芒太露。有些人，尤其是年轻人，总是希望在最短时期内使人家知道自己是个不平凡的人。于是为了引起大家的注意，便容易露出言语锋芒，行动锋芒。

尽管锋芒是刺激大家的最有效方法，但若细细看看身边的人，若是深知处世之道的人却与此完全相反。“和光同尘”毫无棱角，言语发此，行动亦然，个个深藏不露。他们看上去好像个个都是庸才、不善言辞，谁知他们中颇有智者、能言善辩，这是什么道理？

因为他们有所顾忌。言语锋芒，就会得罪身边的人，而一旦得罪了那些人便会形成一股阻力，成为你的破坏者；行动锋芒，便要惹身边人的妒忌，他们妒忌也会成为你的阻力，成为你的破坏者。如若身边都是阻力或破坏者，那你连立足点都没有了，哪里还能让人称赞，聚集人脉？

学校里锋芒毕现、特立独行的人往往树敌太多，与同学朋友不能水乳交融地相处。

某君在年轻时代因具有三种特长而自负，笔头写得过人，舌头说得过人，拳头打得过人。在学校读书时，已是一员狠将，不怕同学，不怕师长，以为个个都不及他。初入社会，还是一样的骄傲自负，结果得罪了许多人。不过，他觉悟很快，一经好友提醒，便连忙负荆请罪，倒是消除了不少的嫌怨。但是无心之过仍然难以避免，结果终究还是受了挫折。俗语说，久病成良医，他在受足了痛苦的教训之后，才知道是由于自己言行锋芒太露。于是为了避免再犯无心之过，就事事都三缄其口，即使不能不开口，也是多方审慎，虽然“矫枉者必过其正”，但是为了掩盖先天的缺点，就不能不如此。果然，后来他得了个“世故人情太熟，做事过分小心”的评价，虽也算不上称赞，但比起之前是好太多了。

当然也许有人会说，采用这样的办法就是把自己深深地埋在了泥土里，永远也无人知道吗？其实只要一有表现本领的机会，然后借机把握，做出过人的成绩来，大家自然就会知道。这种表现本领的机会，不怕没有，只怕把握不牢，只怕做的成绩不能使人特别满意。《易经》上说：“君子藏器于身，待时而动。”无此器最难，有此器不患无此时。因此，不妨先蓄积能量，待时机恰当时，一展所长，令人刮目相看。而后自然也就有真正欣赏之人与你结交了。

如果不懂得奉献，你就会失去他人的拥护

这是发生在越南的一个关心别人的真实故事。

一个小村庄的一所由传教士创办的孤儿院突然被几发炮弹击中。传教士和两名儿童当场被炸死，还有几名儿童受伤，伤者中有一个年仅8岁的小姑娘。

村里人立刻向附近的小镇要求紧急医护救援。终于，美国海军的一名医生和护士带着救护用品赶到。经过简单的查看，发现这个小姑娘的伤最严重，如果不立刻抢救，她就会因为休克和流血过多而死去。

输血迫在眉睫，但救护用品中没有合适的血浆。经过迅速验血表明，两名美国人和她的血型都不相符，但是几名未受伤的孤儿却可以给她输血。

没有一个医护人员能用流利的越南语和那些孩子们沟通，医生费力地说着夹着英语的越南语，护士说着只有高中水平的法语加上临时编出来的大量手势，竭力地让那几个幼小而惊恐的听众知道，如果他们不能补足这个小姑娘失去的血，她一定会死去。

他们询问是否有人愿意献血。所有的孩子都沉默着。每个人都睁大了眼睛迷惑地望着他们。过了一会，终于有一只小手缓慢而颤抖地举了起来，但忽然又放下了，然后又一次举起来。

“噢，谢谢你。”护士用法语问道：“你叫什么名字？”

“恒”。小男孩很快躺在草垫上。他的胳膊被酒精擦拭之后，一根针扎进了他的血管。

输血过程中，恒一动不动地躺着，一句话也不说。

过了一会，他忽然抽泣了一下，全身颤抖，并迅速用一只手捂住了脸。

“疼吗？恒？”医生问道。恒摇了摇头，但过了一会儿，他又开始呜咽，并再一次试图用手掩盖他的痛苦。医生再次询问他是不是针刺痛了他，他又摇了摇头。

医疗队感觉有些不对劲。就在此刻，一名越南护士赶来援助。她看见小男孩痛苦的样子，用流利的越语向他询问，听完他的回答，护士开始用轻柔的声音安慰他。片刻之后，他慢慢停止了哭泣，用疑惑的目光看着那位越南护士。护士向他点点头，恒终于露出了释然的表情。

越南护士轻声告诉两位美国人："他以为自己就要死了，他误会了你们的意思。他认为你们让他把所有的鲜血都给那个小姑娘，以便让她活下来。"

"但是他为什么愿意这样做呢？"医疗队的护士问。

这个越南护士把问题向这个小男孩转述："你为什么愿意这样做呢？"

小男孩只回答："她是我的朋友。"

没有什么奉献会比这个更伟大的了！他为了一个朋友甚至愿意献出自己的生命。

尽管作为大学生，我们生活中并不常遇到需要做这样的事，但奉献的精神却同样存在。发现并享受奉献的乐趣。努力为他人奉献，使得你的"付出"大于"获取"，这样你才会有好人缘。

学校的教育，让我们从小就对雷锋的故事非常熟悉，我们也知道奉献自己、帮助别人其实是一件很伟大的事情，它需要你牺牲自己的利益乃至生命。然而，渐渐长大，步入大学校园的我们，也要知道奉献自己、帮助别人并不是单方面的付出，你的每一份帮助最终都可能回馈到你的身上。

有一个农夫的玉米品种每年都荣获最佳农产品奖，而他也每年都将他的冠军种子毫不吝啬地分赠给其他农友。有人问他为什么这么大方？他说：我对别人好，其实也是为自己好。因为风吹着花粉四处飞散，如果邻家播种的是次等种子，在传粉过程中，自然会影响我的玉米品质。因此，我很乐意与其他农友用同一优良品种。

农夫的话看似简单，却深含哲理：凡你对别人所做的，就是你对自己所做的。这正如一句民谚所说："赠人玫瑰，手有余香。"

在湖北东湖中学高三应届毕业生张孟苏身上发生的事情就是一个收获

“余香”的例子。

张孟苏在文科高考中只考了445分，只能勉强上个独立学院。高考结束后，她到武汉大学去参加一场招生咨询会，不巧遇上暴雨，等她赶到时招生人员已经在撤展了。西南大学的一位女老师在拆雨篷，但因为个子矮，显得分外吃力，张孟苏见状就走过去帮她的忙。就是这个不经意的动作，被坐在一旁的一位来自新加坡的老师看到了。等帮完忙，对方叫住了张孟苏，让她去酒店详谈。在随后的半个多小时里，张孟苏时而用英语，时而用普通话，向5名面试考官推销自己。

全国青少年机器人大赛二等奖，全国网络英语综合技能三等奖，全省书信作文大赛一等奖，英语口语三级……面对综合素质如此全面的张孟苏，新加坡老师如获至宝，当即决定预录她为新加坡政府理工学院学生，并给她4年共20万人民币的全额奖学金。张孟苏的助人精神为她自己赢得了机会。

英国心理学博士威廉·布朗发现，那些乐于助人的人，通常身心也比别人健康。布朗博士说，这种帮助可以是任何形式的：提供金钱援助，或者只是帮行动不便的邻居买买菜，为朋友提供一些建议，在公园里帮忙捡捡垃圾等。既可以帮助别人，又能收获健康和快乐，这就是所谓的互利互惠。

大学生虽然还没有很大的能力帮助别人，但是一点点小小的力量聚集在一起，却是强大的暖流。如做志愿者，组织募捐等。在日常生活中，帮助他人的方式也很多。比如坐车时给老弱病残让座，给行动不便的同学代买东西，把课堂笔记和复习资料借给需要的人……当然，在做这一切时，也需要端正自己的心态，不要奢求回报，更不要居高临下地命令别人。

爱，常常由自己的心田出发，流入别人的心田。它充实了自己的生命，同时也丰富了别人的生命。美国著名作家霍桑有这样一句名言：“人与人之间的互助是绝对重要的，可以关系到一个人是凡人还是巨人。”可见，一个人如果不懂得奉献，就会失去他人的拥护，难以获得成功。

会沟通的人才能广交天下朋友

北京大学的党委书记闵维方说，留学生涯中，他至今不能忘怀的就是斯坦福大学的“午餐学术交流会”，因为大家能够彼此分享生活和智慧。“学生和老师一起聚餐，大家不仅把自己拿手的菜式带来，也把自己的学术思想带来。一边大快朵颐，一边神聊海侃，各种思想火花都是在这里聚集碰撞。这是一种极好的思想交流方式”。

沟通，是人与人交流的必要途径。在与人的交往中，不管你有多大的能力，终究都还是需要借助沟通来获得认可。沟通，是我们每天都要进行的行为，离不开，更逃避不了，因为只有它才能让你交到朋友，只有它才能让你展示自己，只有它你才能创造自己的人生。有的人经常抱怨老天不公，说自己做事不尽人意是由于自己运气不佳，或许是有这种可能。但如果很长时间以来，一直都是这样的话，那就不是老天的问题了，你该找找自己的原因，看看自己做事时有没有和别人沟通好，是不是你沟通出现了问题。其实沟通并不难，难就难在你和别人沟通是不欢而散还是合作愉快，这就要看你会不会沟通！

会不会沟通其实靠的是能力，即了解别人的能力，包括了解别人的需要、渴望、能力与动机，并给出适当的反应。

然而，当代大学生基本都是20世纪80—90年代出生的独生子女，从小就集万千宠爱于一身，早已经习惯了以自我为中心。他们从小到大养成的是极强的自信心和自尊心，喜欢张扬的个性，富于创新，但是他们缺乏容忍、谦让、合作的品质。这就注定了他们在一个集体内，与其他人相处时容易产生矛盾。

有一位心理专家说过：“当代大学生的成长就好比一棵树，一个枝桠叫竞争，一个枝桠叫做帮助与合作，两个枝桠理应长得不相上下，但是现状却是前者长得茂盛，后者却长得很单薄。”今天的我们，提倡竞争虽然十分必要，但是更需要我们学会与人合作。这就需要掌握如何沟通。

不管是在大学校园里，还是以后在社会上，你总会遇到各种各样的人。他们有着不同的性格、不同的身份、不同的家庭背景、不同的习俗习惯……如何与他人进行有效的交流与沟通，其实是一门很深的学问。

小琪是人民大学一名新闻学院传统新闻学专业的学生，她经常需要和各种各样的人接触，去采访陌生人，与他们交流、沟通，从他们口中得到问题的答案。

小琪从小就性格外向，喜欢与人谈天说地，进入新闻学院学习之后，更是对交流中的语言、行为艺术有了一个系统的了解，掌握了许多与各种性格、身份的人沟通时的技巧，并且在采访中也积累了很多经验。

有一次，小琪和班上的同学一起去抗日战争纪念馆采访一些参观的小学生。别的同学都像面对其他采访者一样，和他们表明自己的记者身份，然后正式地提问题。结果那些小朋友个个都有所防范，回答得机械而公式化。

但是小琪却观察到大多数小朋友都心不在焉，对于纪念馆的兴趣不是很大，却对枪支展览馆的兴趣浓厚，于是她便在小朋友身边，拿着一支笔在本子上开始画枪。小朋友的注意力很快被她吸引了，都以为她是枪支方面的专家，个个兴致勃勃地望着她。

小琪马上以枪支为切入点，和小朋友聊了起来。渐渐地，小朋友对她产生了信任感，把自己的真实想法一股脑地告诉了她。

于是，班上的大多数同学都只交出了千篇一律的小学生学习抗日精神的新闻稿件，只有小琪写了一篇富有特色的稿件，受到了老师的表扬。

“其实这并没有什么诀窍，就是通过仔细观察，寻找到一些与采访对象的共同点，然后以一颗真诚的心去与他们交流，自然就会收到意想不到的效果。”小琪如是说。

其实，从心理学上讲，“共情”是谈话双方建立信任的开始。要让对方乐意与你交往，首先要让对方愿意跟你说话。如果他和你找不到共同感兴趣的话题，或者一方过于喋喋不休，那最终就会是一场无效的沟通。想要迅速建立起话题，就要依赖细致的观察和敏锐的洞察力。你可以根据对方的穿着、气质、神情来对他的性格特点做一个基本的判断，猜测他可能对哪些问题感兴趣。之后在脑海中迅速搜索出关于想要建立话题的可用资料，最后再用亲切坦诚的态度轻松地开始这场谈话。

建立良好的沟通，需要避免以下几种沟通的禁忌：

1. 不要一味吹拍对方：适当的赞美是受欢迎的，但一味的阿谀奉承就不怎么讨人喜欢了，因为这会让人怀疑你居心不良。

2. 不可过度吹嘘自己：只顾沉浸于自我吹嘘会令人产生一种逆反心理，让人对你的优点产生厌烦心理。

3. 不要过于亲近：人际关系本是人与人之间的心理上的关系，也可称作心理上的距离，不分亲疏的靠近对方最终难免引起不快。

4. 不可过分暴露自己的“隐私”：与过多打听他人的事情一样，过多谈论自己的“隐私”同样令人生厌，每个人都有自己的空间，展示得太多了，难免使人顿生藐视之心。

5. 不要轻易做出许诺：我们如果答应帮助朋友做某件事情，就应该认真履行自己的诺言，如果对自己没有把握，那么宁可不作承诺。

6. 不要过分苛求：如果我们能够做到严于律己，宽以待人，不放纵自己，不苛求他人，必能赢得对方的尊重和友谊。

7. 不要盛气凌人：在与人交往的过程中，彼此在人格上是平等的，任何一方都不可盛气凌人，动辄以恩人、救世主自居。

8. 不要热衷于接受馈赠：十分要好的朋友，互赠送一些小礼物，增进友谊，这是人之常情，但对于一面之交或交往不深的人，最好当面谢绝，以防日后受制于人。

处世能力也是竞争力：世上无难事，只要会“办事”

世上无难事，只要会“办事”。在现代社会，处世能力也是竞争力，它有时甚至比知识、技能、学历更重要，你有什么样的处世能力，基本上就决定了你能成就什么样的事业，因此，大学生只有掌握处世的智慧和方法，才能让你轻松战胜挫折和困难，建立好人缘，应对错综复杂的人际关系和大千世界。

趁着年轻，学点人情世故

“我宁愿每天面对电脑，也不喜欢与人交流。”“跟人聊天，我总是不知道要说什么好。好像没什么可说的。”对很多大学生来说，与人打交道是一件很折磨人的事情。

如果说在校园里，率直纯真还会被人称赞和欣赏的话，那么步入社会之后，光靠率直纯真就想处理好所有的社会关系，就太过牵强了。因此，大学生如果不趁着年轻，学些人情世故，那在成功的道路上就可能要走很多弯路。

尽管那些“虚伪”、“会来事”、“随声附和”的人令人感到讨厌，但却也不得不承认这些人在社会中确实比一个“直肠子”更招人喜欢。戴上面具做人的确会让人觉得很累，但事实证明，不戴面具也不一定能让你感到轻松。

大学刚毕业的安安在长辈的帮助下，到了一家大公司做销售业务员，刚进公司，她雄心勃勃，立下了三四年之内挤进公司管理层的“宏大志向”。一天，这位长辈为她引见了行业中一位德高望重的人——高师傅。高师傅是公司的元老，虽然只有个中专学历，远不如公司晚辈博士、硕士学历，但他的工作经验非常丰富，一直负责管理着某个重要车间的生产工作。刚进公司的安安最缺乏的就是对公司产品生产流程的了解，所以这位长辈希望高师傅能带着她，让她对公司有更多的了解。

在闲聊的过程中，安安发现长辈找的这位高师傅其实并没有想象中那么厉害：他虽然对生产方面内行，但对市场和管理方面似乎并不太懂；他所说的行业内的信息，都可以从网上找到，而且有些话题还是行业内的过期新闻。不知是安安太兴奋，还是急于表现自己，反正每次聊天，高师傅话只说到一半总会被安安打断。

“据内部消息透漏，公司今年年底要进军西部市场，安安可要好好干……”高师傅吸了一口烟，神秘地对她说。

“这个消息我已经在网上看到过了……”还没等高师傅把话说完，安安就迫不及待地接过话题，喋喋不休地分析西部市场有多大，公司应该怎么做。话匣子一开就关不住了，她料定这个高师傅不会上网，所以把自己从网上看到的信息全部一股脑地往外抖。看到高师傅说不出话来，她还一副洋洋得意的表情。

听到安安滔滔不绝，那个长辈使劲“踢”她，给她暗示，她这才停止了话题。然而这时再看看高师傅，他早已面色铁青。

吃完饭，原打算带安安去车间参观学习的高师傅却因为“突然想起还有点事要处理”便匆匆离席了。

高师傅走后，那个长辈教训他：“人家有几十年的行业经验，在这个行业中多少有些地位，他在你面前展示他的能耐，你要懂得给面子，配合他。别老想着表现自己！这下可好，你自己去找师傅吧！我可帮不了你了。”

其实，安安说这些话的时候，并不是有意要表现自己贬低他人，不过是把自己的真实想法说了出来，不懂得拐弯抹角，更不懂得奉承和讨好。

安安觉得自己很冤屈。本来很简单的事情，自己又没有什么恶意，为什么结果却这么复杂呢？

不少大学生都跟安安一样，想不明白人际关系的复杂。甚至很多人对自己那股清高的模样自得不已。“我最讨厌那些拍马屁的人了。”“我又不是有求于他，干吗要对他好？”也许你也会说，不要管别人如何对自己，只要做好自己就可以了。如果你果真如此为人处世，除非你能把孤独当成一种享受，否则你将永远只能活在自己的世界中，而无法得到任何人的认可。

比如，当有朋友来你宿舍玩时，你只顾干你自己的事情，对朋友冷淡；就算朋友主动跟你打招呼，你也仍是一副“目中无人”的模样，权当没有看见。或许你并不觉得自己的做法有什么不正常，但如果换个角度来想，当你主动跟别人打招呼，或是到朋友家拜访时，他们也用这种冷淡的态度对待你，你又有何感想呢？

很多大学生抱怨朋友疏远自己，感受不到别人的关心和支持。可是自己却没有想过，这一切都是自己不懂人情世故而造成的！

的确，人在生活中能够“做自己”是最快乐的。然而，在社会中，一个人即使完完全全地“做自己”，他也不会真正快乐。如果大学生能趁年轻懂得一些人情世故、与人相处的方法，会让自己在生活中受益不少。

懂得一点人情世故，并不就是让你学着刻意迎合、拍马屁。在大学校园里，学习知识的确是最重要的，但做个凡事充耳不闻、只管专心读书的“好学生”却实非明智之举。要知道，每个人都不可能完完全全“做自己”，因为我们生活在复杂的社会关系中，人与人之间不可能避免所有的交流，倘若能趁年轻多懂点人情世故，生活中就能免去许多不必要的麻烦。想懂得人情世故，就需要注意下面三点：

1. 改变“世界以我为中心”的想法。很多大学生都是在父母的精心呵护下长大的，在家里扮演着“太上皇”的角色。当他们开始独立生活时，会很难一下子从这个角色中转变过来，对周围人的关怀和帮助理所当然地接受，他们傲慢、自负，甚至瞧不起条件不如自己的人。久而久之，他们便慢慢将自己孤立了。

2. 尊重他人，理解他人。没有一个人愿意和不尊重自己的人交往。尊重他人是人所具有的一种最起码的修养。很多人仗着自己家财万贯，学习优秀或是容貌姣好，便目中无人。比如，有的人喜欢给别人起绰号，喜欢探听别人的隐私，喜欢戳别人的痛处，喜欢随意更改别人的意见，等等，这些都是不尊重他人的表现。这样的人很难获得别人的好感，更别说得到别人的帮助了。尊重他人，其实也是尊重自己。

3. 放下清高，让自己稍微“俗”一点。即使不同意别人的观点，也要学着谦虚一点；就算你坚持要清高，你至少也要懂得尊重别人，礼貌待人。即使不同意别人的说法，也要尊重别人说话的权利。

大学生用不着刻意奉承别人，但也一定要学会真心地赞美和欣赏别人；不一定要请客送礼，但也至少不要吝啬自己的微笑；不需要说那些言不由衷的话，但至少要懂得尊重别人的感受。

记住，这个世界上没有谁对谁的付出是理所当然的。即使你再优秀，再有能耐，你也不过是芸芸众生中的一员，别人没有义务围着你转。因此，趁着年轻，学点人情世故，能让你在现在及未来的生活中游刃有余。

训练自己成熟冷静的能力

对许多大学生而言，让自己变得成熟冷静似乎是一件很残酷的事情，因为它代表了青春的流逝和梦想的褪色。但成熟是人们向往的一种境界，冷静是一种修行，这些都是人生前进中的必经阶段。

成熟不是寂寞者手中的酒杯与指上的香烟，不是小资们的“淡淡忧郁”和自我伤感，不是小市民的市侩和庸俗，也不是世故者的偏执和故作镇静，而是一种自然而然的冷静和博大的气度。尤其是在面对突如其来的变故时，依然能从容面对，冷静地判断，理智地思考，从而找到解决问题的办法，做出正确选择的能力。

有一位空军飞行员，在第二次世界大战期间独自驾驶一架战斗机。他的任务是轰炸、扫射地面目标。从航空母舰起飞后，飞机一直在高空平稳地飞行，然后再以俯冲的姿态滑落至目的地 300 英尺上空执行任务。

然而，正当他准备俯冲时，飞机左翼被敌火击中，机身顿时翻转过来，并迅速下坠。此时，他发现海洋竟然在他的头顶。

接受训练期间，教官曾经一再叮咛说：“在紧急状况中要沉着冷静，切勿轻举妄动。”飞机下坠时，他只记得这么一句话，因此，他没有乱动一项机器开关，只是静静地想，静静地等待最佳时机和位置，把飞机反转过来并拉起来。最后，他抓住机会成功地脱险了。

假如当时他顺着本能的求生反应，没有等到最佳时机就胡乱操作，必定会使飞机更快下坠而丧生。可见，是成熟冷静的心态救了这位飞行员的性命！

著名散文家余秋雨在他的散文里写道：“成熟是一种明亮而不刺眼的光辉，一种圆润而不腻耳的音响，一种不再需要对别人察言观色的从容，一种终于停止向周围申诉求告的大气，一种不理会哄闹的微笑，一种洗刷了偏激的淡漠，一种无须声张的厚实，一种并不陡峭的高度。”

一个成熟的人，处事沉着冷静，会从思想、感情、行动、经济上都体现出一种独立性，他明白人生之为何物，清楚自己要做什么事，他们对自己的人生有着明确的目标，并且有切实的行动。他们还能很好地控制住自己的情绪，并且具备观察和洞察事物的能力，在面对挫折和困难时，会有相当的承受和抵抗能力。这种人能获得别人的信任，能够给人以安全感。

然而，由于成熟总是和人生的挫折联系在一起，并且成熟需要付出时间的代价，因此一个人走向成熟是困难的。年龄的增长，阅历的增加，甚至历经沧桑都并不能确保让一个人变得成熟。成熟需要一个健康而自由的社会环境，需要个人独立的思考能力与不断的自我反省。通往成熟的道路，没有终点，只有行程。

冲动是阻碍一个人走向成熟的大敌。人在冲动、发怒时，会引起精神的过度紧张，造成心脏、胃肠以及内分泌系统功能的失常，时间长了，必然会引起多种疾病，影响身心健康。

在与人交往时，冲动的人不能分清主次、权衡利弊，容易与人发生矛盾，常会为一些微不足道的小事因小失大，不但丧失了许多机会，还失去了很多朋友。甚至，还可能因为一时冲动，做出违法犯罪的事情，那更是悔恨终生了。

我们每个人都需要经历从天真到成熟的过程，而大学正是这一过程中最重要的时期。进入大学就意味着成年，大学毕业就意味着要开始独立的生活，所以，在大学里，我们要让自己成熟起来，这样才能毫不惧怕那些将来道路上可能出现的狂风暴雨。

其实，要想让自己成熟起来并不困难。首先，当一个人开始训练自己保持冷静的能力时，便意味着他开始转向成熟。因此，当你觉得情绪失控时，要克制住自己，等心平气和了，再考虑和处理这件事情。其次，做事情不要率性而为。幼年时，为了得到心爱的玩具可以在地上打滚不起来，直到家长给他买下来，长大后肯定不会这么做。真情流露，率性而为有时候可以说是真实不虚伪，但要分场合、看对象，如果在任何时候都率性而为，那只会被别人当成是幼儿。最后，大学生还要有平和的心态。得而不喜，失而不忧，忍一时风平浪静，退一步海阔天空，凡事斤斤计较，是永远不可能成熟的。

助人就是助己，生存就是共存

《菜根谭》中有言：“处世让一步为高，退一步即进一步的张本；待人宽一分是福，利人是利己的根基。”其实，一个人在帮助别人时，无形之中就已经投资了感情，别人对于你的帮助会永记在心，只要一有机会，他们就会主动报偿。然而许多大学生可能不会想到这一点。

驴子和马各背着一大袋盐上山去。太阳就像一个火球，似乎要将它们的皮都烤焦了。它们已经整整走了一天，可怜的驴子背着盐包再也挪不动了。它向马求助：“你帮我驮一部分盐吧，我实在走不动了。再这样下去，恐怕我坚持不下来了。怎样，马兄，帮个忙吧？”

“我不愿意。”马直言拒绝，“我们的主人给我们分得很公平，你该背多少，我该背多少，我们心里都应该有数。”

可怜的驴子不好再说什么，咬牙坚持着走下去，可是它还没有走到那山顶，就一头栽倒在地累死了。主人毫无表情地走上前去，把那个大盐袋子整个从驴子背上卸下来，全部放在了马的背上。

此刻，马背负着两个大盐袋子，步履维艰，一步比一步吃力，后背好似断了一样，它边走边想：还不如刚才帮助一下自己的好朋友驴子呢，要不然自己也不会像现在这样辛苦了……

瞧，这便是吝于帮助的后果。

人的一生中，难免会遇到要求人的时候，也会有被人求的时候。当别人求你的时候，你该怎么去应付呢？是答应别人的要求还是将别人的请求拒之门外？看了上面的寓言，答案便呼之欲出——尽量地帮助别人。

人在旅途，急需要别人的帮助，又需要帮助别人。从这个意义上说，助人就是助己。

第二次世界大战之后，战胜国决定成立一个处理世界事务的联合国，可是联合国设在什么地方，一时间成了一个颇费周折的问题。

按理说，联合国的地点应该设在一座繁华的城市。可是在任何一座繁华的都市建立联合国总部，都需要大量的土地，花费大量的资金。刚刚起步的联合国显然无法支付这样一笔巨款。

这时，美国的洛克菲勒家族知道了这个消息，立即出巨资870万美元在世界性的大城市买下了一块土地，并同时买下了这块土地周围的全部土地。在世界惊诧的目光下，洛克菲勒家族将这块870万美元买来的土地无偿地赠给了联合国。

联合国大厦建起来后，周围的土地迅速飙升上去，没有人计算出洛克菲勒家族经营这片土地到底赚回来多少个870万美元。

没有比帮助这一善举更能体现一个人宽广的胸怀和慷慨的气度了，洛克菲勒家族之所以能够获得丰厚的回报，就是它们有一种帮助人的善意，这是睿智，是胆略，更是胸怀。洛克菲勒家族的成功告诉我们，助人就是助己。

一个漆黑的夜晚，一个远行的苦行僧走到了一个荒僻的村落中，漆黑的街道上，络绎的村民在默默地你来我往。

苦行僧转过一条巷道，他看到有一团昏黄的灯从巷道的深处亮过来。身旁的一位村民说："张瞎子过来了。"瞎子？苦行僧听了一愣，心想怎么可能，一个瞎子完全没有白天和黑夜的概念，他还要挑起一盏灯笼岂不是让人觉得可笑？

灯笼渐渐近了，百思不得其解的苦行僧问：“敢问施主，真的是一位盲者吗？”挑灯笼的盲人告诉他：“是的，从踏进这个世界开始，我就看不到这个世界了。”

僧人问：“既然你什么也看不见，那你为什么还要挑一盏灯笼呢？”

盲人说：“我听说在黑夜里没有灯光的映照，那么满世界的人都和我一样是盲人，所以我就点燃了一盏灯笼。”

僧人若有所悟地说：“原来你是为别人照明。”

盲人却说：“不，我是为自己！”

“为你自己？”僧人不解。

盲人缓缓地对僧人说：“你是否因为夜色漆黑而被其他行人撞到过？”

僧人说：“是的，就在刚才我还被两个人不留心撞到了。”

盲人说：“但是我就没有。虽说我是盲人，我什么也看不到，但我挑了这盏灯笼，既为别人照亮了路，也让别人看到了我，这样，他们就不会因为看不见而碰撞我了。”

不错，为别人点亮的灯，既照亮了别人，也帮助了自己，这就是聪明人助人的心得。

纵观人生，大学时代的友谊是最为珍贵的。在这个时期，同学朋友之间如果能倾心相交、真诚帮助，便能获得一份享用一辈子的友谊。帮助一个深受打击、缺乏自信的同学，哪怕只有一句真诚的鼓励，也可能会使他建立做人的尊严和自信；帮助一个学习落后的室友进行考前复习，可能会使他找到学习方法，成为一名学习的佼佼者……而在每一次帮助别人的过程中，你都能得到一份同等的回馈。

作为社会人的一员，不管你的能力多么强，都不可能独自一人闯天下。要想让别人帮助你，你就必须先付出精力去关心别人、帮助别人，这样才能赢得别人的帮助，也才能更好地建立自己的人际关系网。

谨慎做出你的承诺

我们每个人都有说“不”的权利，因为我们没有义务满足所有人的任何要求。但是，如果已经做出了承诺，那就要尽一切努力去兑现诺言。然而，生活中会有很多突发事件，这些事件往往会影响我们兑现诺言，但我们应该将这一状况作为谨慎承诺的理由而非食言的借口。否则，我们就只能去准备承担被责备甚至被轻视的后果。

许多大学生喜欢在别人面前吹嘘自己神通广大，无所不能，谈到兴起之处，脑袋一热便随口许下了不少诺言。结果等到时过境迁，脑袋清醒之后，便会感到无比懊恼，于是便有不少食言不肥的现象，即便是想要信守诺言，也很可能处于难以实践诺言的尴尬境地。因此，在给人承诺时，应谨慎行事，而不要把话说得太满，以为天下没有办不成的事，那很容易给人留下虚伪的印象。而且，由于任何事物都在不断发展变化，因此许多你原本可以轻松地做到的事，很可能会因时间的推移、环境的变化等一系列综合因素的影响而变得有一定的难度。如果轻易许下承诺，就会给自己以后的行动增加困难，还会使对方因你现在的承诺而导致将来的失望。

某高校一位系主任，向本系的青年教师许诺说，要让他们中三分之二的人评上中级职称。但当他向学校申报时，却出了问题，学校名额有限。尽管他据理力争，跑得腰疼腿酸，说得口干舌燥，但最后还是不能解决问题。然而他又不愿意把情况告诉系里的教师，只对他们说：“放心，放心，我既然答应了，一定要做到。”

最后，职称评定情况公布了，结果令众人大失所望，把他骂得一钱不值。甚至有人当面责问他：“主任，我的中级职称呢？你答应的呀！”

而校领导也批评他是“本位主义”。从此，他既在系里信誉扫地，也在校领导跟前失去了好感。

聪明的人绝不会轻易承诺某一件事，即使这件事对他而言非常有把握办到，也是如此。在没有完全把握的情况下，即便要许下承诺，他们也会尽量把话说得灵活一些，例如，使用“尽力而为”、“尽最大努力”、“尽可能”等有较大灵活性的字眼，给自己留一定的伸缩和回旋余地。

大学生同样应该如此，在向别人许下承诺之时，可以试着向对方说：虽然我没有百分之百的保证，但我会尽力去做的。这样，如果你做到了，就可以在对方不抱有希望的情况下，给他一个出乎意料的惊喜；即便能力有限没有做到，对方也不会因此而怪罪，毕竟没有人会怪一个已经尽力的人做得不好。相反，一旦发生某种变故，使本来答应可以办成的事没能办成，就会让人以为你是一个言而无信的伪君子。

许多事情，在当时的情况下可以做到，但是随着时间的流逝，情况会发生很大的变化。那么，在你承诺时可以采用延缓时间的办法，也就是把实现承诺结果的时间说长一点，给自己留下足够的时间去实践承诺。如果你所做的承诺，不能自己单独完成，还要求别人帮忙，那么你在承诺时也需一并提及。

请求你帮助的人，如果没有得到你的承诺，他便不会心存希望，更不会毫无价值地焦急等待，自然也就避免了失望的惨痛。

一些学生在与人交往中经常不负责任地许下各种承诺，而最后却不能兑现承诺，结果给别人留下恶劣的印象。因此，如果承诺了某件事情，就必须办到，如果你办不到，或不愿去办，就不要许下承诺。

承诺不可随意为之。作为一名头脑清晰的大学生，在任何情况下，都会谨慎作出承诺。并且在许诺时不会信口开河、斩钉截铁，会给自己留下一定的余地。当然，这并不是给自己的懈怠、不努力寻找借口。须知，一个人的诚实与信誉是他获得良好人际关系，走向成功的基础，而能否兑现承诺便是一个人是否讲信用的主要标志。

发怒时，学会控制自己

日常生活中，每个人都难免会有愤怒、冲动和过于亢奋的时候，但这却是人生的一大误区，是一种心理病毒和行为枷锁，于人于己都没有任何好处。

情绪是人对事物的一种最肤浅、最直观的情感反应。多数情况下，它只会从维护情感主体的自尊和利益出发，不对事物做复杂、深远和智谋的考虑，令自己处于很不利的位置上或为他人所利用。不仅如此，还有很多因情绪的浮躁、简单、不理智、冲动等而犯下过错，大则失国失天下，小则误人误己误事。在我国的历史中，就有很多古人因一时怒气行事而惨遭失败的例子。

三国时期，关云长失守荆州，败走麦城被杀。这件事激怒了刘备，于是刘备愤而起兵攻打东吴，无论众臣如何劝谏他都不听，结果实在是因小失大。

正如赵云所说："国贼是曹操，非孙权也。宜先灭魏，则吴自服，操身虽毙，子丕篡盗，当因众心，早图中原……不应置魏，先与吴战。兵势一交，不得卒解也。"

诸葛亮也上表劝谏说："臣亮等切以吴贼逞奸诡之计，致荆州有覆亡之祸；陨将星于斗牛，折天柱于楚地，此情哀痛，诚不可忘。但念迁汉鼎者，罪由曹操；移刘祚者，过非孙权。窃谓魏贼若除，则吴自宾服。愿陛下纳秦宓金石之言，以养士卒之力，别作良图。则社稷幸甚！天下幸甚！"可是刘备看完后，把表掷于地上，说："朕意已决，无得再谏。"执意要命大军东征，最终导致兵败。

实际上，很多人在发怒之后，都会逐渐冷静下来，并感到其实自己完全没有必要发那么大的脾气，做出那样的事情，"是的，我也明知自己不该太情绪化，可是我就是控制不住自己"。可见，能否消除愤怒情绪与一个人能否控制自己的情绪有很大关系。

年轻人如果放任自己，不去培养控制情绪的能力，久而久之，便会养成处事急躁、情绪化的不良行为习惯，这对于学习、生活、人际以及事业等各方面造成严重阻碍和破坏。

另外，不良情绪还会影响人的身心健康。自古就有“怒伤肝、喜伤心、忧伤肺、思伤脾、恐伤肾”的说法。由于人发怒时会使交感神经兴奋，心跳加快，血压上升，呼吸急促，因此经常发怒的人易患高血压、冠心病等疾病，严重的还会使人缺乏食欲、消化不良，导致消化系统疾病。而对那些已有疾病的患者，则会使病情加重，甚至导致死亡。

当代大学生，若想成大事，就需要具备超凡的驾驭情绪的能力，知道如何进行自我心理调整，使各种矛盾得到缓解，情绪得以安定。须知海纳百川，有容乃大。年轻气盛的人要学会忍耐，懂得克制。愤怒是无知的表现，不要轻易发脾气。

有一个店老板需要一个小伙计，他在商店的窗户上贴了一张独特的广告——“招聘：一个能自我克制的男士。每星期400美元，优秀者可以拿600美元。”受这个奇特职位以及丰厚利润的诱惑，店里来了许多应聘的人。店老板要求每个应聘的年轻人都必须经过一个特别的考试，那就是店老板会把一张报纸给求职者，让他一刻不停顿地朗读。阅读刚一开始，店老板就会放出6只可爱的小狗，应聘者都经受不住诱惑，看看可爱的小狗，结果不是读错了就是停下来不读了。有一天，来了一位年轻人，他不受诱惑地一口气读完了，店老板很高兴，就问他道：“你在读报的时候没有注意到你脚边的小狗吗？”

“没有，先生。”

“我想你应该知道它们的存在，对吗？”

“对，先生。”

“那么你为什么不看它们一眼呢？”

“因为你告诉过我，我要不停顿地读完这一段。”

“你总是能如此克制自己吗？”

“是的，我总是努力地去做，先生。”

店老板高兴地说：“你就是我要找的人，明早来上班，你每周的工资是600美元，我相信你大有发展前途。”

这个年轻人之所以能够打败其他竞争对手，得到一份报酬丰厚的工作，靠的就是自我控制的能力。控制自己是一个人成熟最起码的标志，是人与动物最根本的区别。生活中总有诸多的不如意，面对风雨，不怨天尤人，不自暴自弃，才算得上是真正的成熟。人生在世，要同各种各样的人打交道，自然会遇到许多看不惯的人和事，如果动不动就骂娘，或以牙还牙，以眼还眼，那生活恐怕会变得一团乱。所以，任何时候我们都要有一颗宽容而平和的心，胜不骄，败不馁，这才是做人处世的最高境界，而学会控制自己就是达到这一境界的前提。

学会控制自己其实并不难，你可以试着用下面几种方法让自己渐渐拥有平和的心态，慢慢成熟起来。

1. **要发怒时先数10下**。数完后你会冷静下来，这时你再仔细想想这件事的来龙去脉，想想解决的方法。要知道，愤怒、急躁、冲动解决不了任何问题，而且有可能让局面更加难以收拾。

2. **多阅读一些名人传记**。名人总有着普通人没有的经历，从介绍他们的书中，你可以了解到他们与众不同的境遇和他们面对失败不屈不挠的精神。他们的故事会让你觉得自己遇到的一些事情根本不值一提。

3. **多和长辈或学长聊天**。他们经历了比你更多的事情，他们会告诉你一些做人的道理和人生的经验。遇到事情多向他们请教，平时有空多和他们沟通，渐渐地你也能学到他们那些优秀的品质了。

4. **从小事做起，坚持下去**。在一两件事上能控制住情绪并不能算真正学会了控制，从不起眼的小事开始，坚持面对每件事都能保持平和的心态。

大学生激情四溢，这也是我们能够成就一番事业的宝贵精神财富，但仅仅有满腔的激情是远远不够的，不顾场合地使用激情去做事也是错误的，我们还应该学会控制自己，尤其是遇到不愉快的事情时，更应该控制自己的情绪，用理智处理事情。

当然，我们提倡控制自己并不是叫人一味地毫无原则地忍让畏缩，更不是提倡夹着尾巴做人。当别人的挑衅涉及你做人的尊严时，我们应当毫不犹豫地加以维护。面对毫无原则的人和事，我们应当毫不留情地坚决拒绝和抵制。总之，我们应当提高自己控制愤怒情绪的能力，在发怒时要能时时提醒自己，有意识地控制自己情绪的波动。只有这样，才能办成大事。

保持开放的心态，避免无谓的争执

人不可能永远在争执中占据上风，没有什么话题值得长久去争执。保持开放的心态，可以冲淡纷争，筛选真理。

在我们的生活中，有这样一种人常出现在我们身边，他们对于任何事都特别较真，一有和自己的观点不一样的说法出现，就会由讨论变为争执，以证明自己的正确，结果往往争得面红耳赤，不欢而散。这于人于己都没有任何好处，只能是白白浪费时间和精力，闹得个两败俱伤。

一个路人看到渔民背着一个没有盖子的鱼篓，里面装满了螃蟹，有几只已经爬到了边沿。好心的路人立即提醒渔民说：“你的鱼篓没有盖盖子，里面的螃蟹都快爬出来了，小心它们跑掉啊。”渔民笑着说：“放心吧，它们一定跑不掉的。”路人不明所以，追问道：“为什么呢？”

渔民道出原委：“熟悉螃蟹习性的人大概都会知道，把螃蟹放进鱼篓里，不必盖上盖子，张牙舞爪的螃蟹是爬不出去的。因为只要有一只螃蟹想爬出去，其他的螃蟹就会攀附在它的身上，把它硬生生地拉下来，到最后，没有一只螃蟹能出得了篓子。”

螃蟹之间因为斗气、相争，最后没有一只能够爬出笼子。这是它们的可悲之处，其实，人与人之间也常常演绎着这样的悲剧。尤其是刚进大学的年轻人，由于年轻气盛、心理不成熟，他们动不动就会与人起争执。

孟子说：人之患，在好为人师。意思是，人有一个很不好的缺点，就是喜欢当别人的老师，也就是喜欢让别人接受自己的观点，那当然就避免不了争论。当然，在一些原则问题、大是大非的问题面前，我们有必要守住自己的底线，能争则争。然而在实际生活中，这样的问题并不常见，大多数情况下，我们往往因为一些鸡毛蒜皮的小事而争论不休，却不知这是没有任何意义的，不但浪费时间，还会四处树敌。假如你争论输了，那你一定怒火中烧，或万分沮丧。即使你争论赢了，你也难以得到别人的尊重和敬仰，而只能得到一时的快意。

富兰克林说过，如果你辩论，你或许有时获胜，但这种胜利是空洞的，因为你永远得不到对方的好感了。生活中几乎没有什么事情值得我们花费大量时间去争论不休，因为事情过去之后你便会发现，以前大家争论不休的问题其实早就已经解决了，或者根本不算什么问题了。时间具有的力量是无穷无尽的，它可以冲淡一切。

有一句非常经典的话是这样说的：赢得争论的最好方式就是避免争论。那么，要怎样做，才能避免争论呢？

1. **要尝试换位思考，尝试着站在对方的立场去考虑问题**。在你开口想要与人争论之前，不妨先想一想，如果我是他的话，是否也会产生同样的想法呢？很多时候，只要用同理心想一想，就会知道问题的症结所在了。即使是遇到非争论不可的事情，如此换位思考一番也可以让你更明白他的思路和逻辑，更容易说服对方。

2. **要学会倾听**。其实争论从本质上而言是双方都只顾表达自己的观点，而不听别人的想法。学会倾听，不但可以使对方感受到你对他的尊重和诚意，还可以彻底了解对方的想法和观点。等到你开口时，才能有的放矢，一语中的。

3. **要学会宽容**。生活中有很多事靠争论是不能解决的，忍一时风平浪静，退一步海阔天空，君子不逞口舌之快。只要用宽容的心态去对待他人，对待生活，便能得到更加宽容的回报。

大学的时光何其宝贵，大学的友谊何其珍贵，如果因为一些完全可以避免的争论而浪费了大好时间，失去了珍贵的友谊，只会得不偿失。也许你们曾经争得面红耳赤，不可开交，但等到你们毕业时再回想当时的情景，一定会对当年的幼稚举动感到可笑，甚至可能连当时争论的话题也无从忆起了。大学里，有太多的任务等待我们去认真完成，有太浓的友情值得我们去好好珍惜，现在就学着保持开放的心态，避免无谓的争论吧！

别介意那些用心不良的评论

我们虽然不能阻止别人对自己做出不公正的批评，但是却可以做一件更重要的事，我们可以决定不让自己受到用心不良评论的干扰。

已故的美国人马修·布拉，当年是华尔街四十号国际公司总裁，有人问他是否对别人的批评很敏感，他的回答是：“是的，我早年对这种事情非常敏感。我当时急于要使公司里的每一个人，都认为我非常完美。要是他们不这样想的话，就会使我忧虑。只要一个人对我有一些怨言，我就会想法子去取悦他。可是我所做的讨好他的事，总会让另外一个人生气。然后等我想要补偿这个人的时候，又会惹恼其他的人。

最后我发现，我愈想去讨好别人，就愈会使我的敌人增加。所以最后我对自己说：只要你超群出众，你就一定会受到批评，所以还是趁早习惯的好。这一点对我大有帮助。从此以后，我就决定只尽自己最大的能力去做，而把我那把破伞收起来，让批评我的雨水从我身上流下去，而不是滴在我的脖子里。”

我们这些受过高等教育的大学生们，你们是否具有马修·布拉这样的心胸和气度？

美国前总统林肯如果不是学会了对那些谩骂置之不理，恐怕他早就受不住内战的压力而崩溃了。他写下的如何对待批评的方法，如今已经成为了经典名言。第二次世界大战期间，麦克阿瑟将军曾把它抄下来，挂在总部的写字台后面。而丘吉尔则将其镶在框子里，挂在书房的墙上。

这段话是这样写的："如果我只是试着要去读——更不用说去回答所有对我的攻击，这家店不如关了门，去做别的生意。我尽量用最好的办法去做，尽我所能去做，我打算一直这样把事情做完。如果结果证明我是对的，那么别人怎么说我，就无关紧要了；如果结果证明我是错的，那么即使花10倍的力气来说我是对的，也没有什么用。"

所以，不要介意别人的批评，更不要被那些用心不良的评论所干扰，太在意他人评价的人，只会局限于狭窄的范围内，让自己失去了更为广阔的天地。

现实中，可能有不少同学听到别人用心不良的评论便像老鼠见了猫一般，浑身瑟瑟发抖，只敢畏畏缩缩地躲在一个角落里黯然神伤。其实从恶意的批评声中逃走并非明智之举。如果你果真被那些用心不良的评论吓住了，你就会日夜都痛苦难安。这时候，你不妨学学康能的做法。

康能第一次在美国众议院演讲的时候，被言辞流利的新泽西州的代表菲尔卡斯这样讥讽了一句："这位从伊利诺伊州来的先生，恐怕口袋里装的是雀麦吧？"

全院的人听了都哄堂大笑。假如被讥讽的是一个脸皮薄的人，恐怕就会不知所措了，但是康能却不这样。他外表虽然粗蛮，但内心却明白这句话是事实。

于是他回答说："我不仅口袋里有雀麦，而且头发里藏着种子。我们西部人大都是这种乡土味儿，不过我们的种子是好的，能够长出好苗来。"

康能因为这一次的反驳而全国闻名，此后大家都称他为“伊利诺伊州的种子议员”。康能将别人用心不良的评论变成称赞和同情，因为他谙熟一种自贬的方法，而这种方法是人人都可以学到的。

那些用心不良的评论不会因为你的恼羞成怒而停止，也不会因为你的逃避而消失，只有正面迎击对你的不良评论，它才反而会为你所溶化、克服，人们之所以害怕批评，是因为批评的是真的事实，越是真实的批评越会让人想要逃避。

然而，包含真实却恰恰是批评之所以可贵之处。就像别人嘲笑康能老土，但他并不逃避，反而承认自己比别人灰头土脑。不过在他粗野的外表里面，可以显露出他是一个纯正的人。

毫无疑问，用心不良的评论是揭发人缺点的好方法，因此我们不必对它忧心忡忡。那些用心不良的人，他们的评论或许存心不良，但是他说的话却可能是事实。他或许是以伤害你为目的，但是如果你不理会他的恶意，而去关注他所说的内容，可能他用心不良的评论能让你改进，对你反而更有助益。你如果因为那些用心不良的评论而自寻烦恼，那就只能让那些用心不良的人诡计得逞了。

要有协作精神，学会把一变成多

团结就是力量。如果一群蚊子一起冲锋，即便是大象也会被征服；如果一盘散沙被威力强大的黏合剂结合到一起，它们就会切金断玉，无坚不摧，无顽不克了。一个人的力量是有限的，但是如果千万人团结起来，集思广益，那么创造出任何奇迹都不在话下。这一点完全可以从以下的寓言故事中得到体现。

从前，上帝恩赐给两个饥饿的人一根鱼竿和一篓鲜活的鱼。其中，一个人要了一篓鱼，另一个人则要了一根鱼竿。他们带着上帝的恩赐，就各自分开了。

得到鱼的人走了没几步，便用干树枝搭起篝火，煮起了鱼。他狼吞虎咽，还没有好好体味鲜鱼的香味，就连鱼带汤一扫而光。没过几天，他再也没有找到新的食物，终于饿死在了空鱼篓的旁边。

另一个选择鱼竿的人只能继续忍饥挨饿，他一步步地向海边走去，准备钓鱼解饥。可是，当他已经看见不远处那蔚蓝的海水时，他浑身的最后一点力气也使完了，他也只能眼巴巴地带着无尽的遗憾撒手人寰。

看到这一结果，上帝无奈地摇了摇头，随即便决心再发一回慈悲。于是，又有两个饥饿的人同样得到了上帝恩赐的一根鱼竿和一篓鲜活的鱼。这次，这两个人并没有各奔东西，而是商定互相协作，一起去寻找有鱼的大海。

一路上，当他们饿了，就煮一条鱼充饥，用那一筐鱼维持他们遥远的路程。终于，经过艰苦的跋涉，在最后一条鱼被他们吃掉的时候，到达了海边。从此，两人开始了捕鱼为生的日子，后来他们又有了各自的家庭、子女，有了自己建造的渔船，过上了幸福安康的生活。

几十年过去了，他们居住的海边已经发展成为一个渔村。村里人都承继了两位创业者留下的传统，互相协作，互相帮助，取长补短，共同发展，渔村呈现出一片欣欣向荣的景象。

同样的赏赐得到不同的结果，究其原因，前两个人，因为它们不肯与对方分享自己的所得，不肯合作互助前行，最后导致失败；而后面两个人则充分发挥了合作的优势，互相帮助，取得了成功。这便是合作的力量。

“万夫一力，天下无敌”。一个人的能力是有限的，只有与人合作，才能够弥补自己能力上的不足，达到自己原本达不到的目的。早在远古时代，人们为了猎获野兽，就选择了三五成群的群居生活。在极其艰难的生存条件下，人们意识到集体力量和智能的重要性，于是逐渐组成了氏族公社，最后形成了真正意义上的人类社会。

21 世纪是一个合作的时代，合作已成为人类生存的手段。因为科学知识向纵深方向发展，社会分工越来越精细，人们不可能再成为百科全书式的人物，人与人之间的相互依存关系也越来越密切。从心理需求方面讲，随着人们生活水平的提高，公民之间的心理依存倾向也会随之增强，会越来越希望能从别人身上获得情感需求来满足自己，而这些都要靠团结协作来实现。因此就需要人们具备较强的沟通能力、协作能力、理解能力，同时还要具备很强的奉献精神。因此，如果一个人只知道追求个人利益和享乐，那么他不可能获得别人的友谊，也不可能获得个人的可持续发展。

然而，在今天，我们许多大学生在团结协作的能力方面存在着不少的欠缺。随着我国城市化进程的加快、家庭成员的单一化，人与人之间的沟通越来越多地被高楼大厦所隔绝，即便是在家庭里，也因多为独生子女的关系，变成了父母的宠物，成了家里的缺乏尊重和理解他人的“小皇帝”“小霸王”。为了能让我们顺利升学，初高中的学习教育都以应试课本为主，远离了劳动，远离了社会实践，远离了生活，一个个都成了冷冰冰的学习机器。老师鼓励相互竞争，只要挤下了别人，自己就能成功跨过高考的独木桥，所以我们都在用一种畸形的心态去对待我们的同桌、同学。而团结协作又是需要在生动活泼的学习和生活中才能获得。于是我们不少人即便迈入了大学校门，也依然不会团结协作，不知道要团结协作。

生活中需要什么，我们就必须学会什么，即便这需要付出很大的代价。否则你就无法适应生活的需求。随着社会化程度的发展，社会分工越来越细，人与人之间的合作关系也越来越密切。人们需要团结协作才能把工作做好。同时，随着家庭成员的单一化，人们也渐渐把原来专注于同家族成员的团结协作转向了同学、同事、朋友身上。“远亲不如近邻”“一个好汉三个帮”“一个篱笆三个桩”，这些口耳相传的俗语让我们知道，无论是我们的学习还是生活和事业都离不开团结协作。

因此，我们大学生在适应生活和学习的同时，还要有意地强化自己的团结协作意识。在平时的生活、学习以及做一切事的过程中，都应该时刻想到，要想取得更快的进步，获得更好的成绩，就必须获得别人的支持和帮助；而想要获得别人的帮助，就必须先关注他人的感受和需求。这正如雨果所说的：“世界上最广阔的是海洋，比海洋更广阔的是天空，比天空更广阔的是人的胸怀。”如果我们每一个人都可以用一颗宽广的胸怀去接纳别人，尊重别人；都能拿自己的爱心和诚心换取别人的爱心和诚心，那么我们的社会就是一个充满爱、充满诚信、充满团结协作的社会，这样的社会遇到任何困难都不会被打倒的！

2004年，南华大学公共卫生学院一间十分普通的寝室——203寝室里发生了一件大喜事，同宿舍的五位女生同时考上了研究生，创造了湖南高校历史上一室同时考取五个女研究生的纪录。她们靠的是什么？其中一位姓夏的同学说：“我们组成了考研小组，让我们感受到集体的力量带来的效果，首先是心理上，大家共同去做一件事，好像底气都足一些，信心倍增。其次是大家交流信息，探讨难题，真正能做到事半功倍。”

是的，团结协作就可以取得事半功倍的效果。萧伯纳说过：“如果你有一个苹果，我有一个苹果，相互交换，那么我们每人只有一个苹果。如果你有一种思想，我有一种思想，相互交换，我们每个人都有了两种思想，甚至多于两种思想。”

在大学校园里，团结意识、协作精神是一种难能可贵的意识品质，有了这种意识，我们就会在学习和生活中寻找一些团结协作的知识和技巧，练习自己的团结协作能力。因此，在学习和生活中，我们要有协作精神，学会把一变成多。

要学会感恩，不要总爱抱怨

在日常生活中碰到挫折时，我们时常会抱怨：抱怨自己学的专业不好；抱怨自己没有一个好爸爸，家里没有背景，没有升迁的机会；抱怨自己工作差，工资少；抱怨自己是英雄没有用武之地；抱怨自己住的地方太小……

其实，现实生活中有几个人的生活会是一帆风顺、称心如意的呢？那些喜欢抱怨，更喜欢把自己的抱怨弄得尽人皆知的人，结果只能是让人对他感到厌烦而已。

琳达研究生毕业后的经历就颇能说明这一点。琳达是比较懒散的那种人，不适合竞争太激烈的工作，所以毕业时当同学们都忙着拼命往外企或热门行业奔的时候，她却不慌不忙地和一家私立学校签了协议，做起了老师。刚工作了几个月，琳达就开始厌恶自己的工作。办公室里都是老同志，空气沉闷而压抑。她不屑于打扫卫生，抱怨说都什么年月了单位还在打开水；单位组织去秋游，她觉得没意思就没去；办公室琐碎而无聊的生活让她很失望，她盼望能尽快给学生上课，当个真正意义上的老师。不久她开始正式给学生上课，没想到这更增添了她的烦恼：大部分学生是在混日子，课堂纪律在他们的影响下变得乌烟瘴气，杂乱无章。一看到讲台下面那一双双玩世不恭、顽劣愚钝的眼睛，琳达心里就泛起无名怒火。不知不觉中，琳达成了一个暴躁的、不耐烦的老师，顽皮的学生并不怕她，想学习的学生又不敢接近她，反映到校长那里的评语几乎都是负面的，这一切让琳达郁闷无比。加上学校原先许诺的高薪并没有兑现，琳达还要和另外一个年轻老师同住一间宿舍，而住宿条件甚至比她上大学时好不了多少。琳达对这一切都充满了情绪，她说得最多的话就是发牢骚。结果几个月之后，她就被辞退了。

抱怨不能解决任何问题。古人说，人生不如意者十有八九。在日常生活中，出现不如意的事情是很正常的。

我们每个人都会有“潦倒新停浊酒杯”的时候。然而这正如孟子所说的：“天将降大任于斯人也，必先苦其心志，劳其筋骨，饿其体肤，空乏其身，行拂乱其所为，所以动心忍性，曾益其所不能。”正是因为生活中存在着许许多多无法顺利解决的问题，才让我们的意志得到了磨练，才能在下一次尝试中走得更远。而抱怨不仅不能解决任何问题，还会让你意志消沉，无法找出失败的原因。

抱怨不只会弄坏你的情绪。当一个人把抱怨当成一种习惯，那他就会很容易发现生活中负面的东西，并会无限放大，仿佛“黑云压城城欲摧”一般，情绪会变得越来越焦虑。

抱怨还会让你迷失自己，找不准自己人生定位，看不到自己的责任。抱怨会让你的生活中再没有了卧薪尝胆、闻鸡起舞，只剩下唉声叹气、不思进取。

除此之外，抱怨还容易让你心情浮躁。它会给你不良的心理暗示，让你总是不能安心工作，于是，抱怨就成了你勇攀高峰时那只拉你下山的魔爪。

生活中，我们不可能把任何事情做到尽善尽美，因此也无需抱怨，因为无论怎么抱怨也都无法让事情变得更好。大学时光是美好的，也是残酷的，有的人从这里走向了成功，有的人却从这里开始怨天尤人，从一个失败走向另一个失败。失败其实并不可怕，可怕的是你不承认失败，只是在不停地寻找借口。有一句话说得好，如果你想抱怨，生活中一切都会成为你抱怨的对象；如果你不抱怨，生活中的一切都不会让你抱怨。所以，与其抱怨，不如行动，自助者天助之。要知道，幸运不会主动来惠顾我们，我们要做的事情就是学会感恩，不要抱怨，并尽最大的努力把事情做好。

30 岁以前创出天地：大学时代如何培养自己的财富思维

人生一世，草木一秋。有的人一生波澜壮阔，有的人一生平淡无奇。有的人毕业之后只能拿着微薄薪水，为了勉强餬口，战战兢兢，如履薄冰，拼命地工作。但是，无论怎样努力工作，始终都只能为别人做嫁衣，甚至连守住这个饭碗都变得十分困难。那么，为什么不能在大学时代就培养自己的创业思维，开始建立自己的事业，创出一片天地呢？

机会总是跟着有强烈欲望的人

每个人都处于一个相同的世界，然而每个人的生活状态不尽相同：有的人享有荣华富贵，有的人却穷困潦倒；有的人出人头地，也有的人平庸一生；有的人功成名就，也有的人碌碌无为……难道这一切的差异仅仅是跟一个人的命运和天赋相关吗？经有关的调查研究发现，一个人最终能否取得一定的成就，能否赚到钱，其实与他自身的天赋、知识、经历以及机遇并没有直接的关系，而是和一个人成功的欲望关系密切。一个人成功的欲望越大，那么他赚到钱的几率也就越高。

有一位年轻人，他一直寻找成功创业的秘诀。有一天，他听说有一位年长的智者对怎么致富颇有见地，很多人在他的指导之下都走向了致富之路，于是他不远千里拜访这位智者，并向他请教。几经周折，这位年轻人终于找到了这位智者，并把自己渴望成功的想法告诉了智者。智者并没有向年轻人说太多的话，只是带着这位年轻人向大海的方向走去，年轻人紧紧地跟随其后。他们一直向大海的中心走去，海水也开始越来越深，最后淹没了年轻人的胸口，再向前走就会有生命危险。年轻人犹豫了，有退却的念头。就在此时，这位智者用力把年轻人按下水面。为了逃生，这位年轻人竭尽全力拼命挣扎。大约僵持了1分钟的时间，那位智者终于放手，年轻人立即以飞快的速度浮上水面，并生气地质问智者："你这个家伙，你想淹死我不成？"智者笑着对年轻人说："如果你想成功的欲望就像你刚才逃生的欲望一样大，你就一定能够成功！"

这个寓言故事告诉我们，成功是一种信念，更是一种欲望。古人经常这样自我激励：朝为田舍郎，暮登天子堂。将相本无种，男儿当自强。意思是说，一个人是否有改变自己命运的强烈欲望，决定了他最终能否成功。同样，一个人创业欲望的大小，决定了他今后财富的多少。

而且，一个人创业欲望的大小，也决定着他将获得财富的速度。你的欲望越大，你赚到钱的机会也就越大，如果你创业的欲望像求生的欲望那样强烈，你就一定会成功。我们都知道，欲望的产生源于喜欢，只有喜欢才能产生真正想要得到的欲望，因此，我们也可以说，喜欢创业的人才有机会获得成功的青睐，才能拥有更多的财富。

可能会有人认为前面说的都是废话，因为他们都认为，没有人不喜欢财富。"谁不知道钱好？我也想赚钱，但是没那么容易呀。穷是我的错吗？"仔细观察说这些话的人就会发现，他们往往都不是真正喜欢创业的人。没有创业的念头，嫌麻烦，没有时间，于是他们便以此为借口，放弃改善自己状况的机会。这些人大多都对创业怀抱着消极的态度。他们认为，创业是要有路子、要有机会的，否则是不能成功的；可我哪有这种运气呢！

换句话说，他们都认为是因为自己太过老实没有机会才没有创出大业来。但是，只要你曾经为经济发展趋势而努力过，你就会知道，这个世界上有多少机会和财富等着你去发现，功成名就也绝不是一件异想天开的事情。阿里巴巴的首席执行官马云的创业精神是我们学习的榜样。马云说：

对所有创业者来说，永远告诉自己一句话：从创业的第一天起，你每天要面对的是困难和失败，而不是成功。我最困难的时候还没有到，但有一天一定会到。困难不能躲避，不能让别人替你去扛。九年创业的经验告诉我，任何困难都必须你自己去面对。创业者就是面对困难。

我永远相信只要永不放弃，我们还是有机会的。最后，我们还是坚信一点，这世界上只要有梦想，只要不断努力，只要不断学习，不管你长得如何，不管是这样，还是那样，男人的长相往往和他的才华成反比。今天很残酷，明天更残酷，后天很美好，但绝对大部分是死在明天晚上，所以每个人不要放弃今天。

成功总是跟着有强烈创业欲望的人。如果对创业没有任何信心，成功自然不会跟着你。要想30岁之前功成名就，从大学时代开始就要形成自己的创业思维。

大学阶段要打造完美的成功者基因

从表面上看，区别谁是富人谁是穷人的标尺是个人的资产总量，但追根究底，对于资产的使用方式，或者说是理财观念上的区别才是导致富人穷人分野的源头。拿破仑·希尔在遍访当时美国最成功的五百多位富翁之后，得到一个这样的结论："思考即财富。"一个人想赚钱，首先必须懂得学会如何思考，思考最好的赚钱方式，培养自己的致富基因。

不得不承认，致富，是一场心理游戏。

成功者专注于机会；失败者专注于障碍。

成功者玩金钱游戏是为了赢；失败者玩金钱游戏是为了不要输。

成功者相信："我创造我的人生。"失败者相信："人生发生在我身上。"

看到这里，很多人都会想起一个老掉牙的故事，是关于两个业务员被分配到非洲去卖鞋的故事。一个人说：天哪，非洲人根本不穿鞋！而另一个人说：太好了，非洲人都还没有鞋子穿。结果是谁成功了呢？

创大业的人之所以有钱或成功的秘密，源于他们的思考模式不同，所以他们能够创造财富、保存财富。其实，一个有思想的人，未必懂得如何去思考，正因为不懂得思考，自然也就想不出好的致富方法。可以说，一个人的思考方法是决定一个人是否能致富的关键，而独特的思考方法正是他的致富基因，可贵的是，这些思考模式是我们可以学习的，只要我们在心里做个改变，删除失败者的想法，重新安装成功者的想法，假以时日我们就也能够达到真正的财务自由。因此，大学阶段就需要培养这种成功者基因。

英国机械专家布利阿里，他绝大多数时间都在琢磨枪支的性能和构造，但他的最大成就不是发明了什么武器，而是发明了与武器毫不相干的不锈钢餐具。

第一次世界大战前，英国热衷于“殖民”扩张，但英军发现他们的枪支使用时间一长，射程和命中率就大大降低。布利阿里的任务就是改进枪支构造，设法解决枪支的性能问题。于是他通过各种渠道找到了各种各样的合金钢，进行耐磨和耐热的试验。由于品种繁多，试验时间被拖得很长，试验场地上很快被各种合金钢堆满了。

在清理场地时，布利阿里发现一块锃光发亮的钢材，好奇之下，布利阿里仔细分析了这块钢材，发现它并不适合用在枪支上，但就在抛弃的时候，他突然觉得这么漂亮的材料没有派上用场太可惜了。他看到了试验场里暗淡无光的餐具，就想，“如果把这些材料用来做餐具，不是十分漂亮吗？”因为这个念头，布利阿里成为了一位不锈钢餐具制造商。数年后，不锈钢餐具开始进入家庭。

当布利阿里获得极大收益的时候，不锈钢材料的发明者——德国人毛拉不禁感叹：“我把它扔到了垃圾堆，怎么没有想到它可以成为餐具呢？”

同样是钢铁材料，从不同的角度看待，布利阿里和毛拉作出了完全不同的行为。换个角度，换种思维，就能看到别人没有看到的事，破译财富的密码。

马云曾说过一句很经典的话：“所有的创业者都应该多花点儿时间，去学习别人是怎么失败的，因为成功的原因有千千万万，失败的原因就一两个点。所以我的建议就是，少听成功学讲座，真正的成功学是用心感受的。”可见，一个创业者，重要的不是去学习别人怎么成功，而是分析失败的原因。尤其是20来岁的年轻人，如果在大学时期就立志30岁之前创业成功，那么最重要的是培养自己的成功者基因，即学会思考，用心去思考。

加藤信三原来只是狮王牙刷公司的一个小职员。有一天早上，加藤信三起床准备去上班。结果在刷牙的时候，因为过于匆忙，牙齿被刷出血来。作为一名牙刷公司的职员，想到公司生产的牙刷竟然多次出现这种问题，就感到非常恼火。

到了公司，他马上跟办公室的几个同事一起讨论这个问题，并且提出了相应的策略，对牙刷进行必要的改造，从牙刷的刷毛质地、牙刷的造型、重新设计牙刷刷毛的排列顺序等方面提出了很多重要的改造方案。经过长时间的思考，加藤终于找到了最好的解决办法。原来，以前的牙刷由于是机器切割，所以刷毛顶端全部都是呈锐利的直角，这才是刷牙出血的真正原因。加藤信三决定改善刷毛的切割方式，将刷毛的顶端全部弄成圆角。最终他提出了成熟的方案，公司很快进行改造，将全部牙刷的刷毛改变成圆角。改进后的牙刷一投入市场，立即就开始畅销。

改善后的狮王牌牙刷受到广大顾客的欢迎，公司盈利颇丰。而加藤因为善于思考，对公司的盈利做出了巨大的贡献，很快就得到了晋升。多年后，他已经是狮王牙刷公司的董事长了。

诚然，现实生活有很多不如意的地方，但却从来不乏成功的机会。一个人能否获得成功，关键在于是否有一双发现机会的眼睛，在生活中是否具有成功者基因，即善于思考。用与众不同的思考方式来思考，这才是致富的关键！因此，作为一名在校大学生，应该尽快培养自己的成功者思维，打造完美的成功者基因，这样才能在毕业之后尽快进入状态，成功致富！

要不断搜索致富的新点子

有一句话说得好："你如果拥有一个善于创意的头脑，就胜过拥有一座金矿。"事实也的确如此，金矿哪怕再大，终究也还是有被挖空的一天，而一个人的创意却可以是无穷尽的。一个好的创意，不仅是一种思路、一种想法，更是带你走向致富道路的大门，尤其在创意和智慧主导市场经济的今天，创意给人们创造了越来越多的财富。

在我国东北地区，有一家专门生产筷子的厂家，他们生产的所有产品全部都销往日本。虽然这个厂家的生意也称得上是红火，但是由于产品的利润较低，所以一年下来，并没有赚到太多的钱。老板虽然早已意识到向日本人出售筷子拥有很大的市场，但是对于如何提高产品的利润，却一筹莫展。于是他决定亲自去日本考察。考察时，他发现日本的所有公司的员工都在公司内“订餐”。由于日本人的生活节奏较快，所以很多人常常忘记日期甚至一些重要的节日。于是，他发现了一个新的商机——在生产的筷子上印了一周的不同日期。另外还在筷子上印上一些特殊的节日，比如，母亲节、父亲节、情人节、樱花节、圣诞节等，并有着经典的节日祝福语，把本来普通的筷子变得精致又典雅。虽然这些筷子的价格比原来增加了4倍，但是却迎来了更多的购买者，生产厂家由此获得了较高的利润。

从这个故事中，我们不难发现，这个生产筷子的厂家，之所以能从原来获得微薄的利润，到现在可以获得比较丰厚的利润，原因就在于他们利用了创意，搜索到了致富的新点子。其实，很多的时候，经营什么产品并不重要，重要的是经营者要在经营的过程中不断地进行创新，不断地寻找致富的新点子，用自己独到的眼光来发现商机，并用创新来吸引消费者的眼球。因此，想要创业的大学生，一定要学会善用自己的脑子，发现致富商机。

在北京一个并不热闹的胡同里，有一家不起眼的小餐馆，老板与员工招呼客人、点菜、报菜名，感觉完全就是说笑话、讲评书。而且他们还给每一盘很普通的菜赋予了一个很另类的“雅号”。因此，客人在这里吃饭、喝酒，完全是一种超值的精神享受。

假如6位客人刚到门口，负责招呼客人的员工就扯起嗓子大吼：“英雄6位，雅座伺候！”点菜时，客人点“猪拱嘴”，到员工那里就成了“相亲相爱”；客人点两个卤兔脑壳，员工转身对厨房喊：来两个“帅哥”！这些别致的另类菜

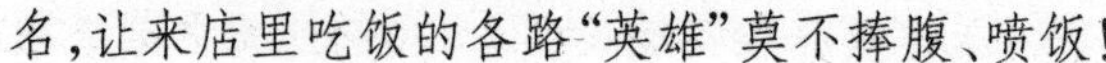

名，让来店里吃饭的各路“英雄”莫不捧腹、喷饭！

在这里，土豆丝叫“吃里爬外”，豆腐干叫“黄龙缠腰”，炒莴笋丁叫“星星点灯”，鸡鸭鹅翅膀叫“展翅高飞”，炖猪脚叫“走遍天涯”，卤舌头叫“甜言蜜语”，炖乳鸽叫“向往神鹰”，醋叫“忘情水”，啤酒叫“梦醒时分”，白酒叫“留半清醒留半醉”……

酒过三巡、菜过五道之后，店家会给每桌英雄免费送上一份“迟来的爱”——一盘普通的泡菜！客人酒足饭饱之后呢？还会给每桌的英雄们奉送几根“抠门”——牙签！

据说这家小店由于门面不大，又不在闹市，原本生意并不好，而且店里面也没有什么出名的特色菜。就是给菜改了改名字，生意就蒸蒸日上了。

通过这家小店的转变，我们更能确定一点：成功与失败，富有与贫穷，不过一念之差。在创业过程中，如果年轻人完全按照条条框框行事，就不可能获得更大的利润。要想在激烈的竞争中获胜，这就需要创新的思维，源源不断的新点子。

其实，好的点子并不一定就要惊世骇俗，颠覆真理，只需打破常规，换一种角度和思路来思考问题就可以了。新点子也并非是可遇不可求的事情，只需要你善于思考，勤于搜索，有时你灵机一动的瞬间便会出现。它不需要你太大的物质投资，却可以使你受益颇深，甚至改变一个人一生的方向。

当然，好的创意点子还要适合自己才行。很多人创业的目的就是为了赚钱，但赚钱不能凭着一时的兴趣和热情，赚钱一定要找到适合自己的创业点子，并在适合自己的点子上不断努力。你要相信，只有合适的点子才能让自己赚到更多的钱，最快最好的不一定是适合自己的，只有适合自己的点子才是最好的点子。

有一个从武汉到上海打工的年轻人，一直从事五金生意，后来由于这个行业竞争激烈，欠账过多，资金周转困难，利润空间也不断减小，一直想转行。

不久,他正好听老家的一个朋友说政府准备建设美食一条街,就立刻跟朋友回老家合伙开办了一个夜食店,以卤味凉菜为主要菜品。

由于他们是整条街上第一家经营鸭脖子的小吃店,经过一段时间的经营之后,业绩非常好,特别是鸭脖子、鸭锁骨、辣卤类,物美价廉,味道浓有嚼头,非常适合喜欢夜生活的年轻人。

夏天的夜晚,这家小店客人总是络绎不绝,很快他们就开办了第二家、第三家分店,两个年轻人通过适合自己的方式,开始了独特的创业之路。

这家店的成功,给正要创业的大学生一个重要启示:创业的点子一定要是适合自己才能收获成功。俗话说,“三百六十行,行行出状元”。一个人要发展,最重要的是要不断搜索致富的新点子,找到适合自己的定位和目标,在适合自己的道路上赚钱才能赚到更多的钱,才能赚得长久。

小富由俭,大学生必须要“小气”一点

现在大学生大多是独生子女,他们中有些人任性而自我,看到别的同学有的东西,自己就要有,不管自己需不需要。这样一来,大学里便开始弥漫着一种不良风气——骄奢之风。贷款买车,消费哈根达斯,看上千元一张门票的演唱会,在他们看来,只要是喜欢,钱不是问题。更有甚者,钱花没了就去贷款,认为反正到时候钱还不上还有父母帮忙还,没有什么大不了的。于是乎,大学校园里,“有车族”越来越多,不少同学都加入贷款买车的行列,一年下来光是养车的花费就差不多要一两万元。很多同学电脑、手机等非最新款、名牌不买;不少女生只用“兰蔻”、“欧莱雅”等世界名牌化妆品,买衣服只去Esprit、Only、Apple、Balina之类的专卖店……

随着这种风气愈演愈烈,很多家境困难的学生也逐渐变得大手大脚了。萧何便是一个典型的例子。

萧何在上海一所大学就读，她家境非常贫寒，父母都是辛勤耕种的农民。刚进大学的时候，萧何非常勤俭，身上穿的都是高中时的旧衣服，在食堂打饭的时候看到菜里面有点肉便不敢要了。可是，萧何的同学却都很有钱，每个人都有电脑，动不动就去吃麦当劳、肯德基，到了周末就一起逛名牌店。萧何为了不被同学看不起，也开始跟着同学一起去逛街，偶尔也买点东西。见了世面以后，萧何渐渐改变了，当同学都说某件原价599元现价399元的品牌服装非常便宜时，萧何在心里也会觉得很便宜了，并且总会在同学的鼓励下把衣服买下来。

眼看着一个学期的生活费被自己一两个月就花完了，萧何只好写信给家里，让父母给自己寄钱过来。父母当然担心孩子一人在外受苦，每次收到信以后都会想方设法凑钱寄过去。萧何的生活越来越小资了，跟同学一起买名牌化妆品，一起去咖啡厅，还买了一台高端手机和一台电脑。

大四的某一天，萧何坐在宿舍悠闲地擦着粉底霜，家里给她打来了一个电话。告诉她母亲过世了。繁重的劳动加上长期缺乏营养，她母亲病倒了。为了不让女儿担心，母亲不但没有去医院治病，而且临死都不让家人告诉萧何，怕影响了她的学习。

萧何的虚耗浪费和母亲的伟大相比，令人唏嘘！不知我们看到萧何用母亲的血汗钱享受着这座国际化大都市的繁华时，作何感想？

须知，像萧何这样为了虚荣，认为只有身穿名牌、衣着时尚才不会被人看不起，才能体现自我价值的观点是极不可取的。小富由俭，学会节俭既是一种品质，也是一种本领。大学生必须要“小气”一点。

节俭不仅是积累财富的一块基石，也是许多优秀品质的根本所在。世界许多成功人士的一个成功诀窍便是崇尚节俭、爱惜钱财。

洛克菲勒刚开始步入商界之时，经营步履维艰，他朝思暮想发财却苦于无方。有一天晚上，他从报纸上看到一则广告，是推销一本发财秘诀的书。他为此高兴极了，第二天急急忙忙到书店去买了一本。他迫不及待地把买来的书打开一看，只见书内仅印有“勤俭”二字，就再没有别的任何内容了。这使他大为失望和生气。洛克菲勒因此思想混乱，几天寝不成眠。他反复考虑该“秘诀”的“秘”在哪里。起初，他认为书店和作者在欺骗他，于是想写信去指控他们。后来，他越想越觉得这本书言之有理。确实，要致富发财，除了勤俭就再没有别的办法了。此时，他才恍然大悟。此后，他便将每天应用的钱节省出一部分储蓄，同时加倍工作，千方百计地增加一些收入。这样坚持了 5 年，积存下了 800 美元，然后将这笔钱用于经营煤油，在经营中他精打细算，千方百计地将开支节省下来，把盈利中的大部分储存起来，到一定时候就把它投入石油开发。照此循环发展，如滚雪球般，他的资本愈来愈多，生意愈做愈大。经过 30 年的“勤俭”经营，洛克菲勒成为了美国最大的三个财团之一的领导者，到 1996 年，财团属下的石油公司，年营业额就已经达到了 1100 多亿美元。

小富由俭，财富是一点一滴积累起来的。成功的创业者都十分注重节俭，他们不管多么富有，也绝不会随意挥霍钱财。大学生立志要创大业，那么就应从现在开始节俭一点，“小气”一点。

在很多时候，节俭都是卓越不凡的一个标志。一个节俭的人往往勤于思考，善于制订计划，他们对自己的人生有详细的规划，他们具备相当大的独立性，节俭的习惯表明人的自我控制能力，同时也证明一个人并不是欲望和弱点的牺牲品，而是能够支配自己的金钱，主宰自己的命运的个体。因此，大学时代一定要懂得节俭，懂得为自己的未来积累资本。

不做“卡奴”做“卡神”

如今的大学校园里，信用卡正受到前所未有的青睐。大学生申办信用卡，除了支取方便快捷之外，还能透支消费。2006 年 12 月 26 日，《中国青年报》刊登了一篇名为《信用卡入侵校园透视大学生“卡奴”生活》的报道：“没有它，我现在就活不成了！”

北京一所著名大学的学生小希毫不掩饰自己对信用卡的热爱和依赖。读大四的小希，钱包里已有4张信用卡，几乎天天都要“喜刷刷”。

“我的电脑、自行车、电动车、饮水机等都是用信用卡买的，我刷卡买所有的东西！我喜欢刷卡的感觉！”正在外地实习的小希，置办了不少东西，把自己的生活打理得很滋润，在他看来，这一切都是托信用卡的福，“以前买贵的东西要攒很长时间的钱，现在，想买就买了！”

随着信用卡在大学校园里的迅速普及，像小希这样的刷卡一族越来越多。然而他们却没有与透支额度相适应的还款能力。正如一位网友在博客中写的那样：学生用信用卡是绑架，是陷阱，是绳索，是圈套，是美女蛇，是甜蜜的毒药。大学生在消费时，应该明确上大学的目的，树立正确的消费观、价值观，不盲目与他人攀比，不过分地追求流行时尚。而且，大学生的大部分经济来源都是依靠父母，对于父母的血汗钱就应该合理地支出。

不少银行的理财专家都认为，大学生并不适合办理信用卡。当然这其中最主要的原因就是相对于其他人群而言，大学生收入不稳定，风险承受力较低，还贷无保证，而且消费心理不成熟。大多数大学生在办理信用卡时，没有明确理解使用条款，不了解免息期和透支利息的具体计算方式，在使用过程中，容易造成逾期等信用不良的行为。结果，明明是潇潇洒洒的“刷神”，最后却变成了一个“卡奴”。

齐齐是一名大三学生，去年秋天的一个下午，她回到公寓时，见到某银行正在推销信用卡业务，“每月可以透支3000元”的宣传打动了齐齐的心。以往，看到了喜欢的东西要攒够钱才能买，可有时钱攒够了东西又卖没了。于是，她也想尝试一下“花明天的钱，圆今天的梦”。

“我每个月有800块钱的生活费，当初只是想，如果真的透支了可以用生活费还上，没想到……”齐齐叹息。

那天正赶上商品换季销售，各大商场搞起了打折促销活动，齐齐一高兴去商场转了一圈，出来的时候衣服、鞋子买了一堆，花光了生活费不说，还在卡里透支了500多块钱。她原本计划“紧缩”下个月的生活费还上，不料同学过生日又要吃饭应酬，不但没能用生活费还上欠款，还让她又透支1200块钱。

一个月的还款期限迫在眉睫，她不敢跟父母说一个月花了两千多块钱，尤其还向银行透支了1700块。只得瞒着家里向同学借钱，用来还银行的欠款。可同学也大多是“月光族”，齐齐借了好几个同学的钱才凑够1700块钱。

为了堵上银行的“窟窿”，齐齐在学校附近的肯德基找了一份兼职的工作。每小时10块钱。从那以后，齐齐每天奔波于课堂和肯德基之间，常常顾不上吃饭，就连约会逛街都“戒”了。“我得去上班”。好友找她逛街吃饭，总会从她嘴里听到这句无奈的话。在肯德基煎熬了3个月后，齐齐才终于凑够了还透支的钱。

和齐齐有类似经历的学生并不鲜见。其实，大学生之所以会变成“卡奴”，主要就是因为他们在规划自己的消费时存在这样的误区：认为父母会为自己安排好一切，没有必要学会自己理财；缺乏计划性，冲动性消费较多，支出大于收入；缺乏主见，易受广告宣传的影响，盲目消费，盲目使用银行卡。

针对这一现象，大学生可参照以下建议，让自己不做“卡奴”做“卡神”。

1. 大学生要明白如何做预算并根据预算进行支出，做到量入为出，结合自己每个月的收入制定一个具有操作性的预算。例如将收入分为固定支出和非固定支出，将60%的钱用作伙食，5%的钱存起来，20%的钱用作社交活动，15%的钱作为临时备用。

2. 大学生要小心负债。学会理性消费和计划消费，即便不得已要借债也要尽快处理掉债务。

3. 大学生要养成储蓄的习惯。储蓄不在量的多少，主要是一种概念的培养和习惯的养成。将消费和储蓄的账户分开，每个月按计划规定将钱存入用于储蓄的银行卡。

4. 大学生投资需量力而行。由于没有独立的收入，加上缺乏对理财产品的了解，大学生投资的抗风险能力很小，所以大学生利用信用卡透支和助学贷款来进行投资的做法并不可取。大学生在理财时应该更注重支出的管理而非收入。同时，还要学会和银行打交道，充分利用所持卡的服务功能，如转账、汇款、刷卡消费等。

别盲目跟风，创业要学会“脑筋急转弯”

很多创业者由于创业没有明确的方向，或者对自己的选择没有足够的信心，因此总会有一种“扎堆、盲从”的习惯。很多人看见别人做这个东西很赚钱，就立马跟着做，结果就亏了个血本无归，为什么这样呢？这就是盲目跟风造成的。

盲目跟风的人，具有浓厚的从众心理，别人怎么干，他就怎么做；别人怎么创业，他就怎么创业。盲目跟风，没有自己的主见，最后就只能消失在商业圈中。

巴菲特在伯克希尔·哈撒韦公司1985年的年报中讲了这样一个故事：

一个石油大亨正在向天堂走去，但圣·彼得对他说：“你有资格住进来，但为石油大亨们保留的大院已经住满了，没有办法把你安排进去。”

这位大亨想了想，便请求对大院里的居住者说句话。这对圣·彼得而言并不是什么大不了的请求，于是他同意了大亨的请求。这位大亨对着大院大声喊道：“在地狱里发现石油了！”大院的门很快就打开了，里面的人蜂拥而出，争先恐后地朝地狱跑去。

圣·彼得非常惊讶，请这位大亨住进大院，要他自己照顾自己。大亨迟疑了一下说："不，我认为我应该跟着那些人，这个谣言中可能会有一些真实的东西。"说完，他也朝着地狱飞奔而去。

看完这个故事，相信聪明的你一定已经明白什么是盲目跟风了。盲目跟风的行为扼杀了一个人的独立意识和判断力，有非常多的弊端。大学生创业切不可盲目跟风。创业专家马明表示，千万不要看到今天别人开家饼店，明天自己也去开，盲目跟风易失败。有些大学生在确定经营方向时特别喜欢盲目跟风，看到哪行赚钱马上就去做哪行，总觉得这样可以少走一些弯路。然而，却不知道市场运作的自然周期及空间，一旦跟错了，就会掉进创业的陷阱。因此，大学生在准备创业时，周密的市场调查和理性的分析尤为重要，千万不能盲目跟风创业。

一般来说，越是热门的行业，竞争者也就越多，竞争也就越激烈。结果往往是，最早行动的赚大钱，紧跟着行动的赚了小钱，而最后盲目的跟随者就没有任何的利润可谈。

如果在创业之初，就学会"脑筋急转弯"，选择一个冷门的生意或者不太为人注意的行业，就很少会出现这种情况。因为做冷门生意不仅需要投入的资金少，而且竞争也比较小，所以风险也相对较小，就更容易成功。

两个青年人一同开山。一个把石块砸成石子运到路边，卖给建筑工地；另一个直接把石块运到城市，卖给城市里的花鸟商人，因为这儿的石头总是奇形怪状，他认为卖重量不如卖造型。3年后，第二个年轻人成为了村里第一个盖起瓦房的人。

后来，政府不许开山，只许种树，于是原本那光秃秃的山便成了果园。他们把堆积如山的苹果成筐成筐地运往北京和上海，然后再发往韩国和日本。因为这儿的苹果，汁浓肉脆，香甜无比。就在村上的人为苹果带来的幸福日子欢呼雀跃时，卖过怪石的那个青年人却砍掉果树大面积种植柳树。因为他发现，来这儿的客商不愁挑不到好苹果，只愁买不到盛苹果的筐。几年后，他赚了比果农多10倍的钱。

再后来，这里开通了一条铁路，贯穿南北，小村对外开放，果农也由单一的卖果变成了进行果品加工及市场开发。有一些人开始集资办厂的时候，那个卖过怪石的青年在他的地边砌了一座3米高百米长的墙。这座墙面向铁路，背依翠柳，两旁是一望无际的万亩果园。坐火车经过这儿的人，在欣赏盛开的梨花时，会突然看到4个大字：可口可乐。据说这是几百里山川中唯一的一个广告，那个卖过怪石的年轻人凭这座墙，第一个走出小村，因为他每年有不菲的广告收入。率先在城里买了房子，做了更大的生意。

从这个故事中我们不难看出，一个人在初步创业的时候，学会"脑筋急转弯"，选择没有人做过的行业更容易成功。但是在创业之前，一定要做好市场调查，并不是所有的冷门行业都可以赚钱。当你发现，这个行业有着很大的需求，但是又缺乏经营者时，你就发现了赚钱的大好时机。

因此，对于准备创业的大学生来说，在选择行业时，切忌头脑发热，盲目跟风。在创业之前，一定要多用脑子思考，学会"脑筋急转弯"，然后再调查一下市场情况，最好选择那些竞争少的冷门行业，这样不仅可以减少创业的资金风险，而且更容易成功。

选对池塘钓大鱼，选择最佳创业行业

红顶商人胡雪岩曾经说过："如果你拥有一县的眼光，那你可以做一县的生意；如果你拥有一省的眼光，那么你可以做一省的生意；如果你拥有天下的眼光，那么你可以做天下的生意。创业就是这样，首先你要有发现财富之门的眼光。"不错，创业需要有好的眼光。这就好比两个人到同一个地方钓鱼，一个选在了阳光普照的地方，另一个选了个阴凉的地方。半天过去，其中一个已经是鱼满筐，而另一个却毫无所获。没钓到鱼的人感到很奇怪，于是就问，同样的池子，为什么你能钓到鱼，而我钓不到呢？另一个回答说："鱼是一种冷血动物，对水温十分敏感。所以，它们通常更喜欢待在温度较高的水域。一般温度高的地方阳光也比较强烈，但是你要知道，鱼没有眼睑，阳光很容易刺伤它们的眼睛，所以它一般呆在阴凉的浅水处。浅水处水温较深水处高，而且食物也很丰富。但在浅水处还要有充分的屏障，比如茂密的水草下面，这也是动物与生俱来的对安全感追求。因此，如果你想要钓到鱼，就要了解鱼的习性，然后到有鱼的地方去钓鱼。"

创业者就像垂钓者一样，都想有所收获。这就需要像垂钓者一样选择一个最佳的钓鱼地点。

湖南浩伦农业科技有限公司总经理金敏杰，他是中科院管理专业硕士毕业的高材生，担任过国有大企业领导，后调入湖南省冶金厅工作，创业前留职停薪下海，如今他已经是一个成功的创业者。一位有着如此简历的人，却在自己下海创业的时候，选择了农业科技作为自己创业的行业。

我们知道，中国是一个农业大国，中国有 13 亿人口要吃饭穿衣，中国的农业相对落后，中国的农业科技市场前景够成千上万的人奋斗一辈子又一辈子。再说，国家和政府对"三农"的关心、投入、扶持力度之大，不是这一行业的人根本无法知晓。

金敏杰的亲身创业经历已经证明：他选准选对了创业的行业，而这个行业以巨大的热情和回报迎接了湖南浩伦农业科技有限公司和金敏杰。短短两年多的时间里，企业所取得的成功，也让我们知道：选择了最佳的创业行业，企业才有制定战略战术的机会。因此，谈到浩伦农业科技有限公司的明天，金敏杰更是意气风发，浩伦农业科技有限公司将进一步整合资源，成立一流的全国网络营销平台，将参与总部在上海的进出口公司的工作，扩大自身产品的出口额度。进一步完善浩伦农业科技有限公司的经营管理，把浩伦农业科技有限公司打造成更有投资回报的融资平台，获得更多的支持，迈出更快的步伐。

从这个例子我们不难看出，选对行业对创业能否成功起到十分重要的作用。同时，还有一点需要我们注意，选对行业只是选对了钓鱼的地点，大学生创业，要想取得成功，还必须具备类似垂钓者的一些基本素质。这些素质总结起来，有如下几个方面：

1.必须有想钓鱼的冲动。也就是创业首先要有创业精神，有激情。这种冲动包含了良好的心态和吃苦耐劳的准备。如果你是被迫去钓鱼，而自己并不想去钓，那么鱼也就不会上你的钩。如果你不愿意吃苦，那么你也不可能获得丰收。

2.要具备一定的钓鱼知识。你想创业就得了解什么是创业，开创你自己事业的流程如何。了解各种河段鱼的喜好，也就是市场知识要充分。

3.必须选择好垂钓的季节。你必须清楚哪种鱼在哪种季节觅食频繁，以便抓住时机下钩。创业要选择一个好的项目，并且做好项目策划和项目定位。

4.必须提前预算成本。对钓鱼设备、诱饵以及投入的时间要能够心中有数。必须计算出创业初期所需资金，合理投入才能进行创业启动。

5.要制定一份合理的计划书。你打算钓多少鱼，用什么方法去钓。如果半年都没钓到鱼，你可不可以继续生存，这都是计划的内容。对创业来说，营销计划书就显得特别重要。

市场盲点蕴藏无限商机

大学生要想创业赚大钱，就要善于摸准市场的“盲点”。所谓市场盲点，即消费者需要而市场上没有或者很少见到的商品或服务项目。

美国的丹·斯鲁特和拉赛尔·斯鲁特兄弟正是靠着市场“盲点”取得了创业成功。在 1997 年的商品展览会上，他们抓住了一个几乎人人都会忽视的机会，并且成功地推出了新产品，创立了自己的事业。

1997 年，斯鲁特兄弟在芝加哥参加宠物商品展时，在一个几乎没人注意的小展台前，看到一个很有价值的实物示范——将三四杯水倒进碗里，在里面放入很少量的小球，结果小球很快就吸光了所有的水。斯鲁特兄弟发现这种由硅砂做成的神奇小球具有很强的吸收功能，是做小猫褥袋最适合的材料。于是，他们同中国的一家硅胶企业签订了生产合同。这样，这种小球走上了生产线。斯鲁特兄弟也大赚了一笔。

如果想创业成功，就必须抓住市场盲点，重视那些被别人忽视的机会。在纷繁复杂的市场中，那众多的"盲点"中隐藏着纵横交错的生财之道。只要我们拥有敏锐的头脑，就能发现市场的"盲点"，挖掘出蕴含的商机。在创业之初，选择市场的"盲点"做生意，或者选择不太被人注意的行业，不但可以投入较少的资金、避免与同行业激烈厮杀，还能拔得头筹、抢占先机，这样一来就可以在最小的风险下创业成功，完成资本的积累。

我们不妨看看邢楠、朱名湖和王锐三位北大学生的创业过程，或许能让你有所感悟。

"给我一个支点，我就能撬起地球"。北大学生邢楠、朱名湖和王锐从阿基米德的名言中得到启示，用"阿基米米"这个名字创办了一个网上商城。他们对这个网上商城定下了一个目标：全球首个供货商实时竞价的网上商城。

20平米的格子间，3个创业者加8名员工，人手一台电脑，如今，"阿基米米"在竞争激烈的中关村北大科技园里已经有了一席之地。"精准的高校市场定位，使网站发展找到了良好的支点"。"阿基米米"已经通过网站招聘、贴海报等方式，在全国200多所高校里找到了近千名学生代理，在北京大学、清华大学、北京邮电大学等许多高校拥有成熟的创业子团队。

"大学市场一向是各大购物网站忽视的盲点，"负责市场推广的朱名湖说，"其实大学生是购买力最为稳定的群体，他们对商品需求也相对广泛"。自2008年7月创业以来，阿基米米团队一直"盯准大学市场这个盲点，快、狠、准地实行扩张策略”。

其实，对于邢楠和朱名湖而言，这已经是他们的第二次创业了。早在2006年底，他们就合作过北大附近居民区的送餐服务，但是由于对大学以外的市场并不熟悉，对客户需要什么把握度不高，结果首次创业惨淡收场。“高校市场是我们最熟悉的板块”，在敏锐地察觉到“给大学市场提供专门的、性价比更高的购物网站”这一商机后，他们重拾信心，开始迈上“二次创业”之路。

阿基米米网站建立了一个适应高校经营的网站模式。网站上“每个商品都有十几个甚至上百个供货商在实时更新报价，报价最低者才能成为当天该商品的提供方”。正因为阿基米米团队在吸取传统的淘宝、卓越等B2C网站经验基础上进行了自主创新，因此“在短时间内达到了和其他资金雄厚的B2C商城一样的商品规模”。

王锐认为，在大学校园里，网络普及度非常高，在线购买模式恰好适应了这个特点。加上阿基米米有着比其他网站价格更为低廉的价格优势，因此具有价格竞争优势。相对于淘宝、卓越等成熟网站，阿基米米因为对准了受金融危机影响较小的大学市场，几个月来订单一直有增无减。

对于准备创业的大学生而言，寻找市场盲点是一个发现商机的不错选择。在市场竞争激烈的今天，在每个行业仍然存在着不少的盲点。只要你有善于发现的眼睛，就一定能找到。准备创业的大学生，可以从以下三个方面寻找市场盲点：

1. 产品上的“盲点”。

例如，德国一位叫贝斯的博士创办了一家规模不大的Tetra公司，该公司专门生产和销售一种很特殊的小产品——为全世界的观赏性热带鱼提供精心配制的饲料。如今这个不起眼的产品，年出口额已经高达两亿美元以上。贝斯博士的成功之处就在于他找到了众多产品中的一个“盲点”。

2. 销售上的“盲点”。

例如，北京一家生产平板车的小企业，通过市场调查和分析，找到了平板车在出口外销方面的一个“盲点”。他们将平板车以散件形式出口到坦桑尼亚，结果大受青睐。因为非洲道路条件差，许多道路不能通汽车，自行车的装载又有限，而平板车能两头兼顾。于是，众人根本不可能想到能出口的平板车，却找到了非洲这一外销之地。他们的这一举动，更被该国总统称赞为替非洲人民做了件好事。

3. 价格上的“盲点”。

例如，我国的“伊利”牌冰淇淋能够在“和路雪”和“雀巢”两大名牌强有力的竞争中取得极佳的业绩，正是因为找到了冰淇淋产品的价格“盲点”，并形成了自己的营销策略。

从 1997 年夏天开始，北京街头几乎所有的冷饮网点都被“和路雪”和“雀巢”两个外国品牌所覆盖。这两大公司为了抢占市场，不但投入巨资做广告，而且给予零售商相当多的优惠条件。在他们的强大攻势下，许多国产品牌被一点点从消费者的视线中挤出。

然而，尽管两大公司的营销手段层出不穷，冰淇淋品种层出不穷，但其产品定价却没有完全考虑到中国普通消费者的收入水平。他们的产品大都在两元以上，高的达七八元，两元以下的产品占少数。而实际上，两元以上的产品人们问的多买的少，六至八元的产品更少人问津。伊利以其敏锐的洞察力和对本国消费者的了解，发现了这一价格的“盲点”，并且在这上面大做文章，很快以“优质低价”赢得了许多消费者的青睐，不但在激烈的竞争中生存了下来，而且有了充分的发展，就连“和路雪”和“雀巢”两家公司，也不得不叹服伊利所取得的骄人战绩。

由以上案例不难看出，市场的“盲点”可谓无处不在，“盲点”中的商机更是无限。大学生在创业时，善于寻找到市场的“盲点”，是使创业走向成功的一条捷径。

毕业就创业，30 岁前功成名就

古人云："自知者不怨人，知命者不怨天；怨人者穷，怨天者无志。"意思是说，有自知之明的人不抱怨别人，掌握自己命运的人不抱怨天；抱怨别人的人则穷途而不得志，抱怨上天的人就不会立志进取。在市场经济的大潮中，任何牢骚满腹，怨天尤人的举动都毫无意义，任何成功之道都不是怨出来的，而是创出来的。要想成为富翁，就要抓住二十多岁这个积累财富的最佳时期，通过自己的努力积累财富。如果你从现在就开始学着积累自己的财富，那么不久的将来你也会成为有钱人。二十多岁的时候，即便你当不了富翁，也一定要走在成为富翁的路上。

很多成功者的事实都足以证明，那些身价在千万甚至上亿的富豪们，他们在二十几岁的时候就已经在摸爬滚打，并在二十几岁的时候挤进了创业的行列。比如搜狐的 CEO 张朝阳、苹果公司的乔布斯、微软的比尔・盖茨，他们在二十几岁的时候不仅创造了自己的事业，而且拥有了巨额的财富。

有研究表明，在人的一生中，积累财富，走向富裕之路的最佳年龄在 25 岁到 30 岁之间。因为这个时期是一个人一生中创新思维最为活跃、经历最为充沛、大脑最好用的年龄，无论是对创业还是对投资，他们都拥有浓厚的兴趣和欲望。要想成为成功者，二十多岁正是最佳时期。因为从某种意义上讲，大学毕业之后才是一个人人生的真正开始，很多事情都在此刻改变或发生。因为对很多人来说，经过了小学、中学，大学，22 岁的我们才刚刚开始走进社会，因此事业刚刚开始。22 岁，是人生的一个重大转折点。22 岁是一个关键的年龄，在这之前，是一个人充满憧憬和幻想的年龄，你可以尽情高歌，肆无忌惮地挥霍青春。但是在这之后，你的心境会越来越平静，心理也越来越成熟，开始为自己的人生和未来打算。

大学毕业之后，我们会开始变得不再满足现状，开始渴望成功，又感觉未来充满了太多的迷茫和未知；我们向往毕业前那无忧无虑的生活，但是又发现自己真正的人生才刚刚开始；我们希望自己像那些成功者一样，取得非凡的成绩，受到他人的尊重。

大学毕业之后，我们必须学会该出手时就出手，不要再徘徊犹豫，虽然付出并不一定会100%的成功，但是我们依然要付出100%的努力。在谈到创业传奇的人，史玉柱无疑是其中之一。从一个一穷二白的创业青年，到全国排名第八的亿万富豪，再到负债两亿多的"全国最穷的人"，再到身价数十亿的资本家，史玉柱演绎了一段最为传奇的财富故事。下面，我们仅以他第一次的成功为例，相信这对于刚毕业的大学生会有许多借鉴意义。

1984年，史玉柱大学毕业分配到安徽省统计局工作，负责各种统计数据的分析和处理。

工作没多久，读完研究生的史玉柱做了一个在当时让所有人大跌眼镜的事：放弃唾手可得的仕途，辞职"下海"创业。与所有人感到不可思议不同的是，在史玉柱的心里，涌动着一股不可遏制的创业冲动。临"下海"前，他对自己最好的朋友说："如果下海失败，我就跳海。"

史玉柱的创业过程极其艰苦。他一没有资金，二没有靠山，全部"家当"只有东挪西借的4000元人民币。唯一让他充满信心的是，读书期间呕心沥血研发出来的一套软件——M64D1桌面汉字处理系统。

史玉柱联合了几位青年伙伴，大胆承包了深圳大学科技工贸公司电脑服务部。用那一直不舍得花掉的4000元做了创业的初始资金。史玉柱当时穷到了买不起一台电脑的地步。

因为欠下了大量的债务，史玉柱的电脑服务部被逼上了绝路：15天内，如果赚不到17000元，就要关门！

1989年8月2日，《计算机世界》刊登了半个版面的广告："M64D1，历史性突破。"

接下来漫长的半个月，史玉柱在望眼欲穿中苦苦盼望订单的到来，短短的半个月，就像经历了一个世纪一样漫长。

等到第13天，奇迹终于出现了。这一天，史玉柱一共收到了三张订单。近2万元的汇款，不仅挽救了史玉柱的小企业，也昭示着未来“巨人”的正式起步。4个月后，他们的营业收入已经超过了100万人民币。

1991年，史玉柱移师珠海，注册成立了巨人新技术公司。“IBM是国际公认的蓝色巨人”，他对媒体慷慨陈词，“我用‘巨人’命名公司，就是要做中国的IBM，东方的巨人！”

1992年，巨人公司的M64D3汉卡卖出了2.8万套，实现利润3500万元。公司员工很快发展到二百多人。而且都是清一色的青年，平均年龄只有24岁，97%的人是研究生和大学生。

史玉柱常常对他的部下讲述中国古代神话“夸父追日”的故事。他认为“巨人”就是今天电脑业的夸父：“我想，巨人现象的核心是一种精神，是一群年轻人执着地追求自己选择的事业，并为之不顾一切的拼搏精神，是追逐太阳的精神。”1993年，巨人集团下属全资子公司已经发展到38个，迅速成长为全国第二大名牌高科技企业。那一年，史玉柱只有31岁，他作为唯一以高科技起家的民营企业代表，被列为《福布斯》大陆富豪第八位。他的发迹，只用了短短5年的时间。

所以说，二十多岁正是你创业的最佳时机。要想成为成功者，应该趁着年轻，并且越早越好。一个人一旦错过了最佳时机，很多事情就来不及了。不要以为自己还年轻，大学毕业的时候，你已经有22岁了！这个时候的我们，无论贫寒还是富有，都没有资格抱怨命运的不公。无论我们脚下荆棘密布，头顶瓢泼大雨，也要相信自己拥有足够的能力支撑起一片属于自己的蓝天。因为我们相信，大学毕业之后的自己，正是一个不断开拓的年龄，正是年轻人为理想奋斗的年龄！因此，要想30岁前功成名就，就一刻也不能放松，必须从现在开始创业，不断奋斗！

大学绝非爱情的最佳收获季节：大学里的爱情之路为什么易短路

大学，注定是滋生爱情的地方。大学里的爱情总像白桦林间飘洒的民谣，悄然地在校园里流传。青色的校园恋情，就像童话故事里的男女主角，一句话，一个眼神，一次邂逅，犹如阳光的穿透。然而，大学也是人生从幼稚走向成熟的过渡阶段，因此大学阶段并非爱情的最佳收获季节，这是因为很多轻易选择爱情的人其实根本就不明白什么叫爱、自己为什么而爱。与其最后要承受因幼稚而带来的伤痛，不如先做好学业，把爱情留在毕业之后，也许爱的味道更甜美，爱的芬芳更浓郁，更持久。

大学爱情：必修课？选修课？

跨过硝烟弥漫的高三，我们迈进了大学这一环绕着神圣和浪漫光环的象牙塔，成为被人们寄予厚望的天之骄子。然而，当这种荣耀感和新鲜感退去之后，大学生活的与众不同却让我们多多少少有些无所适从：宽松的校园环境给了我们广阔的发挥空间，大量的课余时间却让我们倍感迷茫；远离父母家人的生活让我们体会到了独立自主的自由，然而经验和知识的局限性却让我们不断受挫，欲行又止；大群聚居在一起的同龄人给了我们许多人际交往的机会，然而客气拘礼但缺少真诚热情的交往方式却让我们心生感慨；校园里成双成对的情侣给了我们生动的启发，然而却发现真正适合的人生伴侣却不可轻易求得……对于爱情，人们总是满怀憧憬，都希望能亲身体验一下！

于是，那些满怀憧憬的青年大学生们开始尝试自己略熟还涩的爱情实践，真切地体会那恋爱带给他们的酸甜苦辣……

武汉大学校长刘经南说："我十分理解大学爱情，但不提倡。"而社会学系教授周云清却说："我是公开主张大学生应该谈恋爱的，并且大学生要谈好恋爱。"

大学爱情是所有关心大学生活的人的共同话题，有人理解，有人提倡，有人惋惜。不少刚步入大学的新生都发现，许多大学老师一改高中老师的保守刻板，时常会跟他们聊起大学爱情，有的老师说："大学里除了学习各种知识外，还应该学习如何处理自己的感情问题，如何经营自己的爱情。"有的老师甚至会直接表示："觉得我的课意义不大的同学可以去谈谈恋爱嘛，给人生阅历加几个学分。"在大学生中流传着这样一句话："大学四年没有谈场恋爱，就白过了。"

其实，大学爱情是大学生们实现自我价值的一种体现，但是由于大学生对于爱情大多仅仅有着一点懵懂的认识，因此他们依然希望有人能告诉他们什么是健康的大学爱情。随着大学里《性与社会》公选课的开设，爱情婚姻教育逐步登上了大学校园的主流讲坛。多数大学生为这样的现象拍手叫好，因为在他们看来这可以让大学生更好地认识爱情，对未来选择配偶有帮助。"现在我们处于迷茫阶段，学校可以进行必要的婚姻教育，我觉得可以促成很多幸福美好的家庭，闪婚族可能会少些"。某大学二年级的张同学说，"总体来说，大学生的恋爱观还不成熟，有时候不是高层次的精神享受，而是低层次的感官享受。比如说在自习室里很多恋人搂搂抱抱，这些说明大学生对待爱情还不理性，不成熟"。

当然，还有一小部分同学则认为爱情这个东西是学不来了，只能靠自己去体验，"这种事情只有自己经历才会懂得，别人说再多也是没有用的，或许恋爱中会有伤痛，但这是人生的一笔宝贵财富，要自己体会"。

无论是老师指点也好，自己体会也罢，可以确定的一点是，大学生希望自己能正确地认识大学爱情！为此，大学里也正在通过一些课程的设置和讲座的开设来引导大学生正确地认识大学爱情，与其说这一现状令人感到欣慰，不如说这正是我们成长的过程。

尽管爱情确实有它虚幻的成分，大学生对此也有一些不切实际的追求，大学爱情受到现实的限制，但不管是谁也都不能否认，美妙的恋爱过程和对于大学爱情的美好憧憬，给我们带来无比巨大的精神享受……

因此，关于大学爱情到底是选修课还是必修课，这本身并不是最重要的，只要顺其自然就好。遇见了属于你的爱情就好好地珍惜，并且付出；没有遇见，那也是很快乐的事情，也不必妄自菲薄。有人说：大学里如果没有爱情，那是个不完美的大学生活。这种说法错在其不是在追求爱情，而是在追求一种所谓的大学生活的完美！其实，大学里没有了爱情，生活一样充满气息。生活少了两个人的天空，却多了很多人的精彩！爱情是不期而遇的，可以期待，可以充满想象，却不能刻意去制造。在大学里，爱情不是人人都会邂逅的，它更像一门选修课，而不是必修课。但爱情又是选修课中的必修课，如果有幸遇到你的爱情，请你以必修课的心态来面对，无论你已经找到了自己的另一半，还是正在寻找，都需要真心付出！

大学谈的不是恋爱，谈的是寂寞

尽管在大学校园里，大学生们都过着群居生活，但他们却是一个非常容易感到寂寞的群体。因为他们没有什么生活压力，几乎每天都有大把的空闲时间，所以，一旦他们没有把时间专注地投入到学习或者别的什么事情中，就会感到寂寞，并很可能在第一时间想到去谈场恋爱，找个人陪，让自己充实起来。

两个寂寞的人在一起往往更容易产生火花。《穆斯林的葬礼》中，韩子奇和梁冰玉被德军围困在英国的一间地下室里，时间一久便相爱了，而且还爱得很深。这在一定程度上不能不归结为两者内心的寂寞。但是，对于大学生而言，寂寞真的能制造出书中那般真挚的爱情吗？

在那个平添许多哀愁的秋季，刚满 18 岁的女孩冬冬恋爱了，因为她看到身边的朋友几乎都有了男朋友，看着别人亲密的样子，这让她感觉自己更加寂寞。

冬冬和现在的男友恋爱，其实只为了填补寂寞的心。两个人恋爱的时候，可以一起吃饭，一起逛街，一起散步，一起上网，可以让冬冬忘掉自己内心的寂寞，但是当一个人静下来的时候，冬冬在心里还是不由自主地想起另一个男孩，那是她高中时候的同学。当时他们曾经相互暗恋对方，但是在那个全力为高考拼搏的时候，两个人谁也没有勇气说出口。现在，那个男孩在另一个城市读大学。这让冬冬的心常因思念而隐隐作痛。

在另一个城市读书的男孩，也同时思念着冬冬，于是他鼓起所有的勇气，决定给冬冬打电话，告诉冬冬自己对她的思念，并希望自己成为冬冬的男友。然而，当男孩拨通冬冬宿舍电话的时候，冬冬不在，是室友接的电话，她告诉那男孩，冬冬和男友逛街去了，等到晚上再打过来吧！男孩沉默了足足有一分钟的时间，让接电话的女孩转告自己的名字，然后就挂了电话。

傍晚，当冬冬跟现任男友逛街满载而归回到宿舍后，听到室友的转达，她兴奋不已，立即拨通男孩的电话。电话那端的男孩只是平静地说自己不小心寄错了一封信，希望收到信之后把它烧掉，他用心酸的声音祝愿冬冬恋爱成功，然后就挂了电话。

三天之后，冬冬收到了男孩的信，那是一封情意绵绵的情书。冬冬泪流满面，她后悔自己因为寂寞爱上了别人，冬冬决定和现在的男友分手。

在物质生活异常丰富的现在，最令大学生感到诱惑的就是爱情。现实中有许多跟冬冬一样的大学生，因为寂寞，因为想摆脱寂寞，所以想找一个可以赶走寂寞的伴，然而这种因为寂寞才相恋的爱情注定不能长久。这样的爱情结束之后，只会让自己体会更深更长的寂寞。况且，如果只是因为寂寞才想恋爱，这不仅是对别人不负责任，更是对自己不负责任，这样的爱情本身动机就不单纯，自然也不会有什么好的结果。

或许也有人会辩驳，说即便是因寂寞而恋爱，时间长了也可能日久生情。然而事实是，对很多人而言，往往会在接受了错误的人之后，又遇上了正确的人，在这种情况下，你就会面临一种两难的选择。如果你依然固守着原来的旧爱，那感觉就会像是一根弃之可惜食之无味的肋骨；如果你选择自己真正所爱的人，又会有一种良心上的愧疚和谴责。这种处于进退两难境地的痛苦，只有真正经历过的人才可以体会到其中酸甜苦辣的滋味。这个时候，无论怎么选择，对于当事人都会是一种伤害。

其实，爱情是生命中的一束鲜花，是至真、至善、至美的象征。真正的爱情应该源自两个人内心深处的彼此欣赏，而冬冬和她的现任男友因为寂寞而走到一起，或许他们彼此也有一点欣赏对方，但这样的行为却只称得上是以爱情的名义玩一场游戏。而这样的游戏，试问又有几个人真正玩得起呢？人在寂寞的时候，很容易将不是爱情的东西误以为是爱情，所以，越是寂寞，越要警惕爱情。其实，寂寞有什么不好呢？只要学会欣赏寂寞，你就会想起那首似曾相识的歌：今夜的寂寞让我如此美丽。

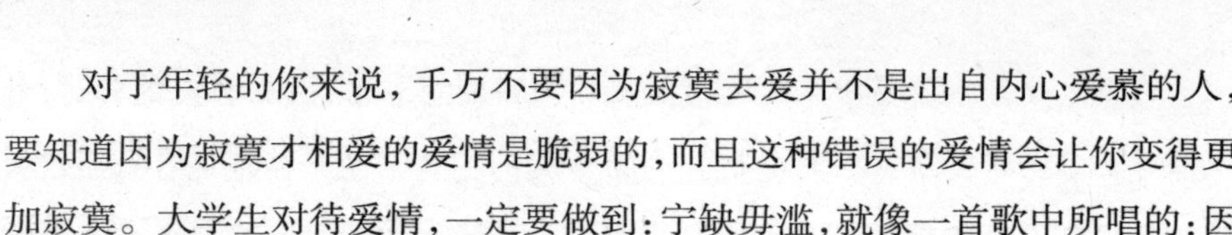

对于年轻的你来说，千万不要因为寂寞去爱并不是出自内心爱慕的人，要知道因为寂寞才相爱的爱情是脆弱的，而且这种错误的爱情会让你变得更加寂寞。大学生对待爱情，一定要做到：宁缺毋滥，就像一首歌中所唱的：因为爱，所以爱。

把爱情当成炫耀品，你如何会有真爱

在爱情的物质化、现实化已然成为当代大学生爱情观一个重要特征的今天，恋爱更多时候是被大学生们当作一次尝试、一次游戏，而不是缘定终生的爱恋。爱情对于许多大学生而言不再是生活中最纯净、最有亮色的一隅，而是极为现实的一面。然而，即便如此，我们也不能断言说大学校园里已经没有真正的爱情。因为，真爱就像是让植物健康成长的阳光雨露一般，是人类成长进步必不可少的东西，需要我们真心的付出。

萧敏的女友是同校别系的同年级同学，他们在大一时的一次社团活动中相识，相恋四年，仍然一如既往地相爱，羡煞旁人。两个人在一起熟悉得连一个眼神，一个动作都能传达无穷的信息，新鲜得连一句最普通的句子都能勾起一连串的话题。熟悉他们的人都说，他俩就像两个交合的齿轮，是那么和谐。当毕业在即时，许多人对他们的前景提出了质疑，认为环境也许会拆散这对情侣，萧敏却开玩笑地说："离了我，谁能那么宠她？"女友则反唇相讥："没有我，他一天也过不了。"他们心里都明白，这是一次生命之恋，它超越了志同道合的思想及相濡以沫的习惯。他们之间似乎是命运的约定，仿佛就是彼此生命的最终归处。

真正的爱情是炫耀不来的，它建立于现实却又远远超越现实。爱情倘若不是两个人之间的心心相惜，而只是一种炫耀品，那么最终一定会被现实所摧毁，终有一天会付出高昂的代价。无论是什么阶段的爱情，都只有真爱才能永存。不过对于大学生而言，真爱也并不是神话。

恋爱是人生的必修课，是大学的选修课。大学里的爱情，他的发生就像旋风一样，总是不期而至的，可以期待，但不可以制造。如果只是为了向别人炫耀而恋爱，那么在人生的学分上只会留下不及格的一笔。大学里的爱情不能随波逐流，但也无需视其为洪水猛兽。当来临的时候，如果你已经准备好了，那么无需躲藏，不要逃避，认认真真地珍惜这青春的浪漫，校园的纯真。

大学里的爱情，贵在相扶相携、共同进步，然而却有人为爱情荒废学业，将时光虚掷在花前月下。青春恋情，甘甜浓郁，那滋味就好似一杯美酒，让贪杯的人往往"沉醉不知归路"。大学男女，耳鬓厮磨，一日不见，如隔三秋。一旦没有见到恋人的身影，就坐立不安，茶饭不思，夜不成眠，精神恍惚，严重影响正常的学习和生活。千万别忘了，自己首先是个学生，而爱情并非你的专业！

大学里一份真挚的爱情，可以让你第一次深刻体会到，一个眼神可以缔造怎样的信念，一份关爱可以发出怎样的光芒，一个生命可以得到怎样的尊重。能让你比其他任何时候都更关爱身边的一草一木、一鸟一虫，让你更懂得悦纳自己，善待他人。真爱会让你学会很多东西，那可能是教授讲得唾沫横飞也不可能做到的事情。

因此，在大学里，倘若遇到了一份真爱，不妨认认真真地谈一场恋爱！你既不必像先辈们那样单纯无知，也不必像西方社会那样毫无顾忌地追求性的解放。也许你最终会受到伤害，但谁又能苛责爱情给我们的一切呢？哪怕最终你还是失去了爱情，但你得到的东西一定会比失去的多很多。至少你明白了什么是爱，怎样去爱，明白了你的价值可以张扬到怎样的程度。等你长大进入社会之后，那些你年轻时因懵懂而做过的事情，都会像流水般地逐渐逝去，但这些经历能使你沉稳、冷静、清醒地判断问题和分析利害得失。

爱情向来青睐懂得珍惜的人。当爱情来临时，不妨抱着一份真诚的心去迎接她。不要犹豫，不要错过。面对爱情，你没有理由望而却步，漠然视之，更没有理由把爱情当作一件炫耀品，趾高气扬地四处炫耀。你唯一应该做的是：承认爱，接受爱，担当爱，享受爱。

大学生总想营造浪漫，但爱情账单谁买单

不知从何时开始，站在女生寝室下，手捧玫瑰花的男生成为了高校里一道独特的浪漫风景线。而这样的浪漫背后，却往往需要数额不菲的高消费做支撑。如今，酒吧、咖啡厅、歌厅已经成为大学生的主要爱情消费项目。看到这一切，人们不禁要问：是否没有了玫瑰的恋爱就不再浪漫？这种浪漫构建而成的高校恋爱究竟要花多少钱？

据了解，在大学校园里，有过恋爱经历的大学生在学生总数中的比例高得惊人。特别是近年来，大学生恋爱的花费逐年看涨，甚至已经大大超出了许多大学生及其家庭的经济承受能力。

高校附近的商业街，透过一家休闲吧透明的玻璃窗，我们看到一对对情侣相对而坐，低声私语，几乎占满了休闲吧中所有的席位。一到周末，学校附近的情侣电视吧必须提前预订。那种配有沙发、地毯、空调、VCD和电视机，特为大学生们设计的情侣包厢很受欢迎。即使是最普通的节日，高校区的鲜花店里也会人头攒动。大学生情侣俨然成了高校附近餐馆、酒吧、咖啡屋、歌厅的主要顾客。

丁同学和他的女友是在一次同学聚会中认识的。虽然两人每天都能见面，但还是觉得有说不完的话，于是每天晚上睡觉前的手机交流成了他们必需的催眠曲。一个月下来，能发上千条信息，有时候觉得不尽兴，就打电话。一张20元的电话卡一晚上就能打完。

王同学是大三学生，和女朋友在一次聚会上认识。家里一个月给他生活费1200元，相对于其他同学来说，算比较宽裕的，可是他每个月赤字仍然达到900多。为讨女友欢心，他每月都要给女友买礼物，买花，下馆子，周末还要去唱歌，煲电话粥，一月下来只得借债。如果碰上节假日，缺口就更大。

大学生如此煞费苦心地营造浪漫，却并不具有挣钱的能力和时间，他们的绝大多数收入都是依靠父母的汇款。虽然许多望子成龙的父母对子女一再加码的生活费有求必应，但很多热恋中的大学生仍是觉得父母给钱给得太少了，给得太慢了。当父母的汇款、四处借款、勤工俭学都难以弥补花销缺口时，就出现了一些不正常的现象。某些高校毕业生所拖欠的学费都是一个天文数字，每年因拖欠学费而拿不到毕业证和学位证者都大有人在，其中有相当一部分学生并非真的交不起学费，而是将学费挪作他用。比如一些学生就把学费用来在校外和女朋友安置一个小家……

尽管大学生正处于一个特殊的年龄段，在这个阶段发生恋爱也无可厚非，但绝大多数大学生在思想上并不成熟，对爱情的了解还往往停留在追求浪漫的层次上，他们难以承受由爱情随之带给他们的责任。最重要的是，大学生还不具备一定的经济实力，在追求浪漫时，容易出现盲目和冲动的消费。然而从某种意义上来讲，大学生消费已不是个人行为。大学生这种恋爱高消费折射出了当今大学生生活状态和价值取向。校园里的恋爱高成本所造成的消极影响也不容忽视。大学生正是接触时尚、追求时髦、渴望浪漫的时期，但缺乏社会现实性和理性，对爱情的浪漫要求程度比较高，为爱情营造浪漫是以物质为基础的，这就很容易造成大学生爱情高消费和经济低收入的矛盾。同时，恋爱高消费会造成大学生爱慕虚荣、相互攀比的非理智心态，对个人成长不利。因此，大学生恋爱迫切需要学校和家长的正确引导。

如果你什么都没有，自然承受不了爱情之重

“曾经有一段真挚的感情摆在我面前，我没有好好珍惜，等它逝去后追悔莫及。如果上天再给我一次机会，我会对那个人说‘我爱你’，如果要我给这句话加个期限，我希望是一万年！”这段大话西游中的经典台词，感动了成千上万的大学生，因为它不仅恰到好处地表现了大学生对于爱情的美好理想，同时也恰到好处地投射出大学爱情走过时留下的遗憾剪影。对于电影中无所不能的至尊宝来说，一万年都只是一个假设中的希望，那对于只有短短四

年大学生活的大学生而言，一万年就真的只是一个奢望了！

当大学时期即将结束，同学间分别的轮廓渐渐清晰时，一些同学不禁发出了这样的感慨："恋爱不一定是粉红色的，有时候很现实，也会有矛盾。"对许多同学而言，开始的时候是为了在一起而恋爱，而临近毕业的时候则会更多地考虑将来，当考虑得不到答案的时候，就把自己变成一只鸵鸟，把头埋进沙中让自己停止思考。如果将大学爱情比作列车，那列车一步一步向前行驶的过程中，大学生是会选择离开大学爱情的列车而走向自己的未来呢？还是会主动走到驾驶的位置，自己把握列车的方向盘？

二十来岁的大学生，在大人的眼中，依然是一个需要长大的孩子，而在小孩子的眼中，又已经是一个真正的大人。大学时期的同学，对异性的交往既有一种向往，却又有一种羞涩，但是正是在这个含苞待放的年龄，很多男孩、女孩开始尝试爱情的滋味。

尽管每个人都要经历爱情，然而爱情并不是生命的全部，大学的时候可以谈恋爱，但是不能只顾恋爱而不顾一切。要知道，如果你什么都没有，将难以承受爱情之重！

爱情不是生命的全部，大学时代的你还有很多比爱情更重要的事情去做，还有心中的梦想等待你去实现。大学时代，如果你不努力充实自己，只为爱情而活着，就算你付出了自己的所有，你也依然会赔掉自己的青春。要知道，无论是男孩还是女孩，没有一个人会一辈子陪着你过数星星的日子，星星数完了怎么办？难道有了爱情，面包就可以不要了吗？大学的时候，你可以和自己相爱的人露宿街头，认为这是另类的浪漫，但是爱情终归需要归宿，需要可以容得下爱情的房子，这就需要你去奋斗！要想让爱情的花开得更长久，需要两个人相互扶持，相互勉励，相互包容，携手一同走向人生的辉煌，在爱情中使自己的人生得以升华，这就需要你在年轻的时候为理想和目标奋斗，为自己的爱情打下坚实的物质基础。

志强是刚毕业的大学生，在父母的安排下进了一家国企上班，衣食无忧，但是他的爱情却总是经受失败，虽然每次恋爱都是以受伤收场，但是他却依然痴迷于爱情不能自拔，好像身边没有了女孩的陪伴就没有办法活了一样。

志强来单位不久，就认识了同办公室的女孩莉莉。由于工作的原因，两个人的接触比较多，没多久志强就喜欢上了莉莉，即使莉莉穿着很普通的牛仔裤、运动鞋，在志强看来她也是最漂亮的女孩。于是志强向莉莉表达了自己的爱情，他们开始像其他的情侣一样，一下班就跑到公园、电影院约会。

然而好景不长，有一次，志强不小心把钱弄丢了，打电话让莉莉来接他，莉莉接到电话之后，冷冷地说，自己正在跟朋友聚会，没有时间过去，让他再找别的朋友帮忙。其实当时莉莉正在跟另一个男孩约会，因为在莉莉眼中，志强就是一个毫无特长、一无是处的人，和这样的男孩恋爱还可以，但终究是不能结婚的。

志强的父母很着急儿子的婚事，到处为他张罗，不久经朋友介绍，他又认识了一个女孩，认识几天后，他们就开始花前月下、海誓山盟。志强感觉终于找到了自己的另一半，但是他很快就发现这个女孩只是看上了他父母腰包里那点钱，她从来没有爱过自己。约会的时候，女孩说得最多的是谁谁的男朋友考上了研究生，谁谁的老公当上了经理……每每提到这些事情，女孩的眼中总是流露出一种羡慕的眼神，渐渐地他们经常为了别人的事情争吵，很快，女孩就向志强提出了分手。在最后一次见面的时候，女孩很真诚地说："不要抱怨我们女孩子世俗，没有哪个女人愿意和一个不求进取的男人结婚恋爱，因为除了爱情，面包更重要，生活需要房子，需要一个温馨的家，如果你一个人做不到，我们可以一起努力，但是一个男人连共同奋斗的想法都没有，我宁愿放弃。"

爱情的真相往往就是如此。虽然对于大学生来说，爱情是值得向往的，但是爱情并不是生命的全部，除了爱情我们还可以有更重要的事情去做，比如事业和追求。因此，大学生不能沉湎于爱情中无法自拔，更不要痴迷于爱情。要知道，无论是谁都不会希望自己的另一半是一个整天沉醉在爱情中的废物！如果大学时期，过分沉迷于爱情，毕业之时，你将无法承受爱情之重！

分手的确痛苦，但不要刻意沉迷

爱情如风，再美的爱情也可能会有失落的时候。大学里的爱情，有“你侬我侬，忒煞情多”的炙热，有“你中有我，我中有你”的柔情，但也会有“你有你的，我有我的方向”，或者“两情相依却有缘无分”……

失恋的人们总是习惯抱怨，容易陷在自己的围城里难以解脱。忧郁、苦涩等各种负面情绪充实着自己的心灵，甚至开始对自己产生怀疑。

皓洁与相爱三年的男友分手了，两个人都很痛苦。皓洁几日几夜地流泪，看到任何与之前感情相关的物品和情景都会悲痛不已。皓洁原本学习很优秀，是个热情善良的女孩。但经受了这次失恋之后她对人对事的观点就有所改变了。她开始认为这个世界没有真爱，人与人之间只是相互利用而已，所以对人对事都变得很冷漠，整日闷闷不乐。

其实，很多时候，爱情讲求的是感觉的适合，而并非选择优秀。失去并不意味着作为一个人的失败，也不意味着世界上已经没有了真爱，而只是因为两个人之间不适合。

但是，作为一个已经深陷爱情的大学生而言，如何直面分手带来的痛苦，的确是一件非常棘手的问题。

恋爱是一次已经完成的选择，而分手则是另一种选择。尽管被自己深深爱着的他(她)抛弃是个不小的打击，但绝不是世界的末日。被人拒绝的痛苦的确刻骨铭心，但生活中本就有数不清的痛苦，无论现在有多么痛苦，生活都将继续。分手了，只能说明他不是你这一生真正相伴的人，必须试着慢慢放下。

解决分手的失落最好的办法就是微笑。对自己，对别人，对对方，微笑的好处妙不可言。分手对双方的打击都是一样的，伤心只能增加自己和对方的不必要的痛苦，根本不能解决问题。看清自己，理解别人，走自己的路，不要灰心，祝对方好运，不要愤恨。

解决分手带来的哀伤的另一方法是忘记。忘记曾经恋爱中的快乐与幸福，忘记曾经恋爱中的失落与痛苦。不过，这并不需要刻意去做，因为强迫自己的结果往往是更难忘记。所以这一点还是顺其自然的好。

面对分手后的伤痛，你还可以尝试着通过以下四个步骤解脱自己：

1. **发泄：**尽情地发泄那些堆积在心中的伤痛，把所有的负面情绪都从自己心里切除出去。你可以写日记，把所有的感受都写下来，无论多么难受伤悲，把你心里一切的痛苦都写下来，你将发现自己好过得多了。你还可以多做运动：越有竞赛性、越激烈的运动越好。你需要在尽情挥洒的汗水中感觉到自己的生命力。动一动之后你就不会再死气沉沉的了。你甚至可以吃一些食物：如果吃东西会让你好过一些，那就吃吧。但是千万别忘了吃完之后要多做运动，不然，接下来的体重会叫你更忧郁。

2. **向身边的人求助：**你可以找最好的朋友陪你，或者和以前因为谈恋爱而疏远的朋友联络。寂寞的时候，找个人陪你出去喝喝下午茶、吃顿晚餐饭、看场电影，都能让你获得温暖，重拾信心。

3. **接受现实：**尽可能避开他（她）会出现的地方，把会让你想起他（她）的东西收起来，别再让自己的心有任何期待，更别让那些物件唤起你的回忆。你可以找一些相关的心理学书看看，看看专家给出的建议，看到书上写的例子也可以让你知道原来自己并不是唯一发生这种事情的人。

4. **振奋：**丢掉愤怒，收起悲伤，相信明天会更好！这时候，你不妨做你喜欢做的事情，不要让自己陷入无所事事的状态。可以借几张好碟回家看，买点自己喜欢的东西，或是睡个懒觉；你会发现单身真的好自由！

想开心就要舍得伤心，舍不得离开就不要接近，不能够结束就不要开始。爱情是两个人的事情，双方都有选择爱或不爱的权利。分手了虽然痛苦，但要相信一生中的每次痛苦都不会白受，我们每个人都是在受伤中成长的。一段生活的结束，也是另一段新生活的开始。既然选择了分手，就不要刻意沉迷。记得：时间会抚平所有的伤口，受创的心终究会痊愈……也许在下一个转角，你就会碰到那个携手一生的人。

性，该远离还是该靠近

刚满22岁的小雨和小婷，是某高校的同班同学，两人情投意合而热恋。大四那一年，小婷发现自己意外怀孕。小雨向小婷许诺："等一毕业，我们就去拿结婚证。"

10个月后，小婷产下一个健康的宝宝。然而，这对年轻恋人面临着一个严峻现实：毕业就意味着失业。原来，小婷因带着孩子无法出去找工作，小雨也一直未找到合适的工作，两人没有任何经济来源。小雨和小婷的父母都在外地，收入也不高；巨大的生活压力一下子落到两位刚刚踏入社会的年轻人身上。因不堪重负，两人多次发生激烈争吵。曾经一对相爱的情侣，就因为这样的意外而令感情变得支离破碎。

当类似的事情一次又一次在我们身边发生，怎能不让人唏嘘？

一直以来，性教育都是一个"敏感"的校园话题，即使大家已经知道对大学生的性教育早就到了必须引起重视的地步：在一些高校附近，男女大学生租房同居，享受二人世界的情形屡见不鲜。但是很多女生对性知识几乎一无所知，直到怀孕四五个月后才明白是怎么回事的更是大有人在。

目前在我国，仍然有很多高校对大学生是否需要进行性教育的问题犹豫不决，"扭捏作态"，究其原因，就在于观念不一致，没有人敢轻易触及这一"雷区"。有的教育工作者认为，大学生应以学业为重，要提倡他们把精力放在学习上，男欢女爱是工作以后的事，如果在大学校园里就教育他们怎样防止避孕，那不就是明明白白地在告诉学生可以发生性关系吗？他们认为，在大学生中要推行基于性道德的"贞节教育"，杜绝婚前、婚外性行为才是教育大学生的根本。但是众所周知，这种想法不过是掩耳盗铃罢了，大量的事实让我们不得不认清现实，再盖遮羞布已经是没有任何意义了。告诉他们应该知道什么，并不代表鼓励他们去做什么，对大学生进行包括健康性爱、受孕、避孕、性病、艾滋病等生殖健康知识的教育，已经是一件很有必要的事情，因为早已有一部分大学生发生过性行为，而其他人也将在不久之后发生性行为。因此，在教给他们性知识的同时，还要注意引导他们树立健康、纯洁的性道德观，也许只有这样才能更有效地杜绝婚前性行为。

歌德曾经说过："萌动的青春之所以美好，就在于它既不意识自己的产生，也不考虑自己的终结，它是那么快乐而明朗，竟察觉不到它会酿成灾祸。"如今的大学生，受到各方面因素的影响，已经是敢作敢为了。那些父母教授的一点点伦理道德观常常在进入大学后就受到了严重的挑战。他们强调独立，有着相当程度的反叛意识。在追求爱情的路上，一些女大学生甚至为此付出了不小的代价。

其实，大学生们已到了身体发育、心理发育两者都已成熟的年龄。在谈恋爱过程中，性的需要是很自然的事，他们大多都希望能获得一份灵魂与肉体同时统一的爱情。不可否认的是，只要成长，就必然会经历青春期的萌动，我们也就都有被诱惑的可能。而年轻人在面对青春期诱惑时，又有着强烈的求知欲与冒险精神，这让他们很有兴趣去解开成人的秘密……大学时代的年轻人，虽然从生理条件上来看，可以过性生活，可是，在爱情与责任、心理的承受能力上，大学生却还需要接受考验。对于性，男生具有先天生理优势，他们往往只要有感觉就会做。但是对于女生而言，更多的是要学会如何保护自己。因此，在想要体验性之前，要问问自己爱他究竟有多深。是不是已经深到心甘情愿与他发生性行为，并且愿意承受可能有的后果。

大学里的爱情到底能走多远

走过了追求时的浪漫与艰辛，共同经历了情感的磨合和风雨，然而四年过后，曾经在风花雪月里演绎的校园爱情，也将不得不面临毕业的关口。在大学校园这一方净土里，滋养出的爱情可谓是纯洁的。然而，当这份纯洁的爱情面临现实时，大学里的爱情还能走多远？

现实中，很多的爱情都在这一刻无奈地低下了头。年轻的爱情最终挡不住时间和空间的阻隔。曾经的海誓山盟在毕业关头总显得那么不堪一击，曾经亲密无间的恋人不得不洒泪分别，从此劳燕分飞，天各一方。曲终人散终有时，独留一声叹息在空气中飘荡。还有的爱情，在分与合之间游走，毕业初期仍然卿卿我我，在现实中打滚不久后，便各奔东西。

其实，从本质上讲，爱情与毕业毫不相关。如果注定要告别，即便不毕业最终也还是会分手，如果两个人都坚持要守住爱情，哪怕毕业的压力再沉重，找工作的分歧再大也难以让两个相爱的人分开。在这个不断变化的世界里，无论是分是合，是聚是散，毕业都只不过是所有选择的一个契机，一个理由。对恋爱的人而言，毕业只能说是一个考验，真正操控一切的还是恋爱的双方。

诚然，毕业时工作区域的差异和变迁会给爱情产生许多阻隔，但是这绝对不是分手的充足理由。大学爱情，还是有人一直在坚守，他们珍惜爱情，为了当初的承诺，义无反顾地走到一起，他们不会用现实的价值去对待自己的爱情，他们相信自己的这份感情可以给他们的人生带来无穷的力量，他们相信，只要两个人真心想要在一起，是没有什么不能克服的：

已经毕业五年的茜茜说："记得我们班那几对恋人，大多是南方和北方人相恋，毕业时面对着不同的分配，他们并没有选择分手，而是在签订单位时只有一个要求，那就是必须同时接受两个人，否则不签。功夫不负有心人，他们最终都走到了一起。另外还有一南方女孩，毕业后义无反顾地跟着男友去了北方小城市。所以真正相爱的两个人完全不必因工作而放弃本属于自己的美好爱情，工作可以在不同的地区找，而像大学时这样不受物欲影响的真爱却不是任何时间都会找到的。"

茜茜自己也是一个为爱执着的人，她用实践证明了大学的爱情也可以持久。大学毕业后，她因为一段感情来到了北京。刚来北京时，居无定所，工作也没着落，每天都要在北京既冷又陌生的冬日里奔波，但是茜茜始终相信：人的命运把握在自己手里，没有克服不了的困难，如果自己不能坚持到底，只要选择放弃，这份感情就会失去。5年过去了，一切终于安稳下来了，最初被认为不可能的感情也有了生存的空间和走进婚姻的资本。提及自己走过的路，茜茜很庆幸当初没有放弃，虽然为此吃了不少苦，但她觉得自己也得到了锻炼，获得了无价的收获。如果当初放弃了，会在她的心灵深处留下一个终生无法释怀的结。

从茜茜的故事中我们不难看到，当纯真的校园爱情在突然面对现实时，固然有些不知所措，但分手也绝不是解决问题的唯一途径。虽然在爱情的世界里，没有理由要求任何人为它放弃一切，但至少，既然相爱了就应该坚持一下。不要战争还没有开始就先把武器丢了。在人才流动频繁和政策环境更为宽松的今天，地域、工作等都已经不足以成为爱情的绊脚石，让爱情之路终止的唯一障碍是来自内心的软弱和逃避。

如果真心相爱，就给爱一点坚持吧！不要还没有尝试努力，就选择放弃。真心付出的感情夭折时，就会像利刃一样割破你的心灵，而经历风风雨雨的爱情会化成心灵荒漠上永不干涸的绿洲，给你支撑和动力。

因此，对于在大学校园里品尝过爱情的同学们而言，毕业非但不是分手的理由，还恰恰应该是幸福生活的开始。只有面对现实的真心相守，才是爱的归宿。我们有理由相信，只要彼此真挚，相爱的人最终会走到一起。所以，当爱走到毕业时，珍惜那份爱，不要轻易分开，让爱情之路走得更远。